智能电网与电力安全探索

钏助仁 梁俊 王云峰 ◎著

中国出版集团
中 译 出 版 社

图书在版编目(CIP)数据

智能电网与电力安全探索 / 钏助仁，梁俊，王云峰著. -- 北京：中译出版社，2024. 2

ISBN 978-7-5001-7761-6

Ⅰ. ①智… Ⅱ. ①钏… ②梁… ③王… Ⅲ. ①智能控制-电网-电力安全 Ⅳ. ①TM76

中国国家版本馆 CIP 数据核字（2024）第 047450 号

智能电网与电力安全探索

ZHINENG DIANWANG YU DIANLI ANQUAN TANSUO

著　　者：钏助仁　梁　俊　王云峰
策划编辑：于　宇
责任编辑：于　宇
文字编辑：田玉肖
营销编辑：马　萱　钟筱童
出版发行：中译出版社
地　　址：北京市西城区新街口外大街 28 号 102 号楼 4 层
电　　话：（010）68002494（编辑部）
邮　　编：100088
电子邮箱：book@ctph. com. cn
网　　址：http://www. ctph. com. cn

印　　刷：北京四海锦诚印刷技术有限公司
经　　销：新华书店
规　　格：787 mm × 1092 mm　1/16
印　　张：12
字　　数：227 千字
版　　次：2024 年 2 月第 1 版
印　　次：2024 年 2 月第 1 次印刷

ISBN 978-7-5001-7761-6　　定价：68. 00 元

前　言

在信息化时代背景下，随着大数据、人工智能、远程通信等技术的应用推广，电力企业顺利完成智能电网的升级改造任务，推动了我国电力行业迈入全新发展阶段，显著提升了供电服务质量和电网运行管理水平。然而，在智能电网运行期间，由于电网和终端用户、外部网络保持双向互动状态，随之形成诸多信息安全风险，导致部分电力企业损失严重。基于此，电力企业需要对通信系统和通信机构进行深入的管理，确保智能电网安全隐患逐步减少。解决智能电网中存在的信息安全性较差这一问题，是电力企业健康发展的先决条件。

本书是一本面向智能电网与电力安全方向的书籍。首先，介绍了智能电网的优势与特征、智能电网的原动力及智能电网的构想等基础知识；其次，详细地介绍了智能输电技术、智能配电技术、智能用电技术，使读者可以全面掌握智能电网相关的基础理论与方法应用要点；最后，介绍了电力安全生产常识、电力企业班组安全管理、电力安全教育与事故管理等内容，同时系统全面地讨论了智能电网工控安全的思想和方法，希望促进智能电网下的电网安全管理进一步完善发展。本书可供从事智能电网研究、运行、开发、管理的人员与设备制造相关人员使用和参考。

在本书的策划和写作过程中，参阅了大量的国内外有关的大量文献和资料，从其中得到启示。同时，也得到了有关领导、同事、朋友的大力支持与帮助，在此致以衷心的感谢。本书的选材和写作还有一些不尽如人意的地方，加上编者学识水平和时间所限，书中难免存在缺点，敬请同行专家及读者指正，以便进一步完善提高。

目　录

第一章　智能电网的基本理念

第一节　智能电网概述

一、智能电网的概念

（一）智能电网的背景

20 世纪，大电网作为工程领域的最大成就之一，体现了能源工业的战略布局，是实现各种一次能源转换成电力能源之后进行相互调剂、互为补充的迅速、灵活、高效的能源流通渠道。然而，世界能源体系正面临着抉择，目前全球能源供应和消费的发展趋势从环境、经济、社会等方面来看具有很明显的不可持续性。在当前世界能源短缺危机日益严重、电力系统规模持续增长、气候环境变化加剧等因素的影响下，21 世纪电力供应面临一系列新的挑战。因此，欧盟、美国和中国针对保证 21 世纪能源供应面临的技术问题、技术难点和技术路线开展了深入的研究，提出了智能电网的概念。目前，这些国家和地区将智能电网提高到国家战略的高度，将发展智能电网视为关系到国家安全、经济发展和环境保护的重要举措。

随着我国东南沿海大开发的迅猛推进，风力发电、光伏发电等新能源产业发展迅速，其接入及正常运行对电网的影响日益显现，电网面临着巨大挑战和机遇。一方面，电网需要应对日益严峻的资源和环境压力，实现大范围的资源优化配置，提高全天候运行能力，满足能源结构调整的需要，适应电力体制改革；另一方面，输配电、发电、信息化、数字化等技术的进步也为解决这一系列问题提供了坚实的技术支持。由此，智能电网成为现代电力工业发展的方向。智能电网是解决 21 世纪电力供应面临问题的有效途径。

（二）智能电网的定义

目前，智能电网并没有一个统一的定义。由于不同国家的国情不同，所处的发展阶段及资源分布也不尽相同，因而各个国家的智能电网在内涵及发展的方向、重点等诸多方面有着显而易见的区别，具体如下：

美国电科院（EPRI）提出，智能电网是由多个自动化的输电和配电系统构成，以协调、有效和可靠的方式运作的电力系统。快速响应电力市场和企业需求；利用现代通信技术，实现实时、安全和灵活的信息流，为用户提供可靠、经济的电力服务；具有快速诊断、消除故障的自愈功能。

欧洲技术论坛提出，智能电网是集创新工具和技术、产品与服务于一体，利用高级感应、通信和控制技术，为客户的终端装置及设备提供发电、输电和配电一条龙服务，它实现了与客户的双向交换，从而提供更多的信息选择、更大的能量输出、更高的需要参与率及能源效率。

日本电力中央研究所提出，智能电网是实现低碳社会必需的，它能够确保安全可靠供电、使可再生能源发电能够顺利接入电网且得到有效利用，是能够通过统筹电力用户需求实现节能和提高能效的综合系统。

国家电网公司提出，智能电网是以特高压电网为骨干网架，各级电网协调发展，具有信息化、数字化、自动化、互动化特征的“统一坚强智能电网”。

南方电网公司提出，当前智能电网的定义还处在不断探索完善的过程中，但概念已涵盖了提高电网科技含量、提高能源综合利用效率、提高供电可靠性、促进节能减排、促进新能源的利用、促进资源优化配置等内容，是一项社会联动的系统工程，最终实现电网效益和社会效益最大化。

中国科学院《经济时报》观点：智能电网核心实质是“互动电网”，是“智能能源网”的一个有机组成部分。建设“智能能源网”是为了整合电力、水、热等各类网络性资源/能源，提高能源/资源的利用效率。将智能电网称为智能互动电网或互动电网，“互动电网”是指在开放和互联的信息模式基础上，通过加载系统数字设备和升级电网网络管理系统，实现发电、输电、供电、用电、客户售电、电网分级调度、综合服务等电力产业全流程的智能化、信息化、分级化互动管理，是集合了产业革命、技术革命和管理革命的综合性的效率变革。智能电网的核心内涵是实现电网的信息化、数字化、自动化和互动化，简称为“坚强的智能电网”。智能电网概念提出的时间虽然不长，但人们对这项变革的热情却极为高涨。其根本原因是，智能电网战略不仅为全球能源转型提供了一个重要的契机，更为电力设备行业提供了无限的商机和难得的发展机遇。

由于智能电网的研究利用尚处于起步阶段，各国国情及资源分布不同，发展的方向和侧重点也不尽相同，国际上对其还没有达成统一而明确的定义。根据目前的研究情况，智能电网就是为电网注入新技术，包括先进的通信技术、计算机技术、信息技术、自动控制技术和电力工程技术等，从而赋予电网某种人工智能，使其具有较强的应变能力，成为一个完全自动化的供电网络。智能电网就是电网的智能化（智电电力），也被称为“电网2.0”，它是建立在集成的、高速双向通信网络的基础上，通过先进的传感和测量技术、先进的设备技术、先进的控制方法及先进的决策支持系统技术的应用，实现电网的可靠、安全、经济、高效、环境友好和使用安全的目标，其主要特征包括自愈、激励和保护用户、抵御攻击，能够提供满足21世纪用户需求的电能质量、容许各种不同发电形式的接入、启动电力市场及资产的优化高效运行。

目前，国际上绝大多数专家认可的定义是：以物理电网为基础，将现代先进的传感测量技术、通信技术、信息技术、计算机技术和控制技术与物理电网高度集成而形成的新型电网。它以充分满足用户对电力的需求和优化资源配置，确保电力供应的安全性、可靠性和经济性，满足环保约束，保证电能质量，适应电力市场化发展等为目的，实现对用户可靠、经济、清洁、互动的电力供应和增值服务。中国的智能电网被定义为“坚强的智能化电网”，即以特高压电网为骨干网架、各级电网协调发展的坚强电网为基础，利用先进的通信、信息和控制技术，构建以信息化、自动化、数字化、互动化为特征的统一的坚强智能化电网。通过电力流、业务流、信息流的一体化融合，实现多元化电源和不同特征电力用户的灵活接入和方便使用，极大提高电网的资源优化配置能力，大幅提升电网的服务能力，带动电力行业及其他产业的技术升级，满足我国经济社会全面、协调、可持续发展要求。智能电网的建设涉及电网发、输、配、售、用各个环节。

综合而言，智能电网的本质就是能源替代和兼容利用，它需要在创建开放的系统和建立共享的信息模式基础上，整合系统中的数据，优化电网的运行和管理。它主要是通过终端传感器将用户之间、用户和电网公司之间形成即时连接的网络互动，从而实现数据读取的实时（real-time）、高速（high-speed）、双向（two-way）的效果，整体性地提高电网的综合效率。它可以利用传感器对发电、输电、配电、供电等关键设备的运行状况进行实时监控和数据整合，遇到电力供应高峰期的时候，能够在不同区域间进行及时调度，平衡电力供应缺口，从而达到对整个电力系统运行的优化管理。通过对用户侧和需求侧的随需访问和智能分析，实现更智慧、更科学、更优化的电网运营管理，以实现更高的安全保障、更可控的节能减排和可持续发展的目标。同时，智能电表也可以作为互联网路由器，推动电力部门以其终端用户为基础，进行通信、运行宽带业务或传播电视信号，智能电网进一步可计划和尝试为终端用户提供无线即时宽带和视讯服务。

智能电网是一个数字化自愈能源体系，将电力从发电源（包括分布式可再生能源）传输到消费端。由于其具有可观测、可控制、自动化和集成化能力，使得智能电网能够优化电力供应，促进电网的双向沟通，实现终端用户能源管理，最大限度地减少供电中断，并按需传输电量。其带来的结果是电厂和客户承担的成本降低，电力供应可靠性提高，而碳排放量大大减少。

二、智能电网的特点与优势

（一）智能电网的特点

智能电网的特点如下：

（1）自愈——稳定可靠。自愈是实现电网安全可靠运行的主要功能，指无需或仅需少量人为干预，实现电力网络中存在问题元器件的隔离或使其恢复正常运行，最小化或避免用户的供电中断。

（2）安全——抵御攻击。无论是物理系统还是计算机遭到外部攻击，智能电网均能有效抵御由此造成的对电力系统本身的攻击伤害及对其他领域形成的伤害，一旦发生中断，也能很快恢复运行。

（3）兼容——发电资源。传统电力网络主要是面向远端集中式发电的，通过在电源互联领域引入类似计算机中的“即插即用”技术（尤其是分布式发电资源），电网可以容纳包含集中式发电在内的多种不同类型电源甚至是储能装置。

（4）交互——电力用户。电网在运行中与用户设备和行为进行交互，将其视为电力系统的完整组成部分之一，可以促使电力用户发挥积极作用，实现电力运行和环境保护等多方面的收益。

（5）协调——电力市场。与批发电力市场甚至是零售电力市场实现无缝衔接，有效的市场设计可以提高电力系统的规划、运行和可靠性管理水平，电力系统管理能力的提升促进电力市场竞争效率的提高。

（6）高效——资产优化。引入最先进的信息和监控技术优化设备和资源的使用效益可以提高单个资产的利用效率，从整体上实现网络运行和扩容的优化，降低它的运行维护成本和投资。

（7）优质——电能质量。在数字化、高科技占主导的经济模式下，电力用户的电能质量能够得到有效保障，实现电能质量的差别定价。

（8）集成——信息系统。实现监视、控制、维护、能量管理（EMS）、配电管理（DMS）、市场运营（MOS）、企业资源规划（ERP）等和其他各类信息系统之间的综合集成并实现在此基础上的业务集成。

在当今讲求绿色可持续发展的高速信息化社会中，电网已成为工业化、信息化社会发展的基础和重要组成部分。同时，电网也在不断吸纳工业化、信息化成果，使各种先进技术在电网中得到集成应用，极大提升了电网系统功能。智能电网是指运用 IT 技术自动控制电力供求平衡的第二代供电网，主要利用能够进行双向通信的智能电表，即时掌握家庭太阳能发电量和电力消费量等信息。加强太阳能和风力等开发利用及电力稳定供应，必须构建智能电网。加强智能电网的建设，将推动智能小区、智能城市的发展，提升人们的生活品质，对于促进节能减排、发展低碳经济具有重要意义。

（二）智能电网的优势

智能电网是电网技术发展的必然趋势。通信、计算机、自动化等技术在电网中得到广泛深入的应用，并与传统电力技术有机融合，极大地提升了电网的智能化水平。传感器技术与信息技术在电网中的应用，为系统状态分析和辅助决策提供了技术支持，使电网自愈成为可能。调度技术、自动化技术和柔性输电技术的成熟发展，为可再生能源和分布式电源的开发利用提供了基本保障。通信网络的完善和用户信息采集技术的推广应用，促进了电网与用户的双向互动。随着各种新技术的进一步发展、应用并与物理电网高度集成，智能电网应运而生。智能电网具有以下优势：①能够有效提高线路输送能力和电网安全稳定水平，具有强大的资源优化配置能力和有效抵御各类严重故障及外力破坏的能力。②能够适应各类电源与用户便捷接入、退出的需要，实现电源、电网和用户资源的协调运行，显著提高电力系统运营效率。③能够精确高效集成、共享与利用各类信息，实现电网运行状态及设备的实时监控和电网优化调度。④能够满足用户对电力供应开放性和互动性的要求，全面提高用电服务质量。⑤鼓励电力用户参与电力生产和进行选择性消费。提供充分的实时电价信息和多种用电方案，促使用户主动选择与调整电能消费方式。⑥最大限度兼容各类分布式发电和储能，使分布式电源和集中式大型电源相互补充。⑦支持电力市场化，允许灵活进行定时间范围的预定电力交易、实时电力交易等。⑧满足电能质量需要，提供多种的质量、价格方案。⑨实现电网运营优化。以电网的智能化和资产管理软件深度集成为基础，使电力资源和设备得到最有效的利用。⑩能够抵御外界攻击。具有快速恢复能力，能够识别外界恶意攻击并加以抵御，确保供电安全。

发展智能电网是社会经济发展的必然选择。为实现清洁能源的开发、输送和消纳，电网必须提高其灵活性和兼容性。为抵御日益频繁的自然灾害和外界干扰，电网必须依靠智能化手段不断提高其安全防御能力和自愈能力。为降低运营成本，促进节能减排，电网运行必须更为经济高效，同时须对用电设备进行智能控制，尽可能减少用电消耗。分布式发电、储能技术和电动汽车的快速发展，改变了传统的供用电模式，促使电力流、信息流、业务流不断融合，以满足日益多样化的用户需求。

三、我国智能电网的特征

我国智能电网的特征如下：①智能电网是自愈电网。把电网中有问题的元件从系统中隔离出来，不用人为干预就可以使系统恢复正常运行，可确保电网的可靠性、电能质量和效率。②智能电网激励和包括用户。鼓励和促进用户参与电力系统的运行和管理。③智能电网将抵御攻击。降低电网对物理攻击和网络攻击的脆弱性，展示被攻击后的快速恢复能力。④智能电网提供满足21世纪用户需求的电能质量。智能电网将以不同价格水平提供不同等级的电能质量，以满足用户对不同电能质量水平的需求。⑤智能电网将减轻来自输电和配电系统中的电能质量事件。通过先进的控制方法检测电网的基本元件，从而快速诊断并准确地提出解决任何电能质量事件的方案。⑥智能电网将容许各种不同类型发电和储能系统的接入。智能电网将容许各种不同类型的发电和储能系统接入系统，类似“即插即用”。⑦智能电网将使电力市场蓬勃发展。智能电网通过市场上供给和需求的互动，可以最有效地管理如能源、容量、容量变化率、潮流阻塞等参量，降低潮流阻塞，扩大市场，会集更多的买家和卖家。⑧智能电网优化其资产应用，使运行更加高效。智能电网优化调整其电网资产的管理和运行以实现用最低的成本提供所期望的功能，使电网的运行更加高效。

第二节 智能电网的原动力

实施智能电网发展战略不仅能使用户获得高安全性、高可靠性、高质量、高效率和价格合理的电力供应，还能提高国家的能源安全，改善环境，推动可持续发展，同时能够激励市场不断创新，从而提高国家的国际经济竞争力。简而言之，提高供电安全性、生态文明和经济竞争力是智能电网的三个原动力。

一、气候和环境问题——应对气候变化和环境保护刻不容缓

20世纪以来，随着世界经济的发展、不可再生的化石能源的大量消耗，全球气温上升，气候变化异常，局部环境污染加剧，给人类社会可持续发展带来了严峻挑战。

首先，全球变暖形势严峻，气候变化已不再是一个遥远的威胁。温室气体的继续排放将导致全球进一步变暖，将让气候系统所有组成部分发生持久性的变化，增加给人类和生态系统造成严重、普遍和不可逆转影响的可能性。

气候变化已不再是一个遥远的、未来的威胁，而是已经可以在世界各地感受到的威

胁。报告警告说，人类正在改变地球的气候体系。气候和海洋都在变暖，雪原和冰帽在融化。全球变暖导致目前更加频繁地出现极端高温、暴雨、海洋酸化和海平面的升高，二氧化碳、甲烷和氧化亚氮三种主要的温室气体目前已达到80万年以来的最高浓度。

其次，必须把燃烧更多化石燃料的二氧化碳排放总量限制在1万亿吨以内。联合国政府间气候变化专门委员会表示，各国政府要想实现他们自己表述的限制地球温度上升的目标，即温度上升不超过工业化前水平的2℃，就必须把燃烧更多化石燃料的二氧化碳排放总量限制在1万亿吨，在2010—2050年，全球碳排放量应该减少40%～70%，到2100年前要下降到“接近零”。报告还说，只有通过国际合作才能解决气候变化问题。

最后，电网在低碳化中的作用。在碳排放中，电力和交通运输是两个排放最大的部门，且在终端能源中电能的占比肯定还会明显提升，所以为了实现《巴黎协定》，电的低碳化是绝对需要的。电网在由资源到可用的能源的转换链中扮演了核心角色，这种转换链驱动了经济的发展。可持续发展大大依赖于一种适合的电网来对其进行支撑。功能合理的电网将有能力对能源脱碳、提高效率和清洁运输系统做出巨大贡献。

能源脱碳。未来能源资源将从化石燃料逐渐转换为可再生能源，如风能、太阳能，或许还包括核能，来减少排放到大气中的碳。核能发电是一种已建立且经常有争议的技术，其在整合至电网中起着占用基荷的作用。未来电网必须在这种方式下运行——更大程度地接纳和利用间歇、多变和不确定的可再生能源。

提高效率。电力有助于将能源的使用与国内生产总值（GDP）和人口增长脱钩，有助于降低碳密度（单位GDP的碳排放量）。未来利用高级计算机、通信及互联网技术的智能电网将可以在发电、输配电及用电的各个环节显著提高效率。末端能量管理更加智能化使得能源的利用更加有效。

清洁运输系统。目前，交通运输领域的碳排放约占全球碳排放的1/4。基于未来的低碳电网，电动汽车将有助于社会的交通运输进入清洁和可持续的阶段。

二、可再生能源发电

（一）能源储量

全球化石能源资源虽然储量大，但随着工业革命以来数百年的大规模开发利用，正面临资源枯竭、污染排放严重等现实问题。化石能源资源逐步枯竭、开发难度日益增加的大趋势是肯定的，何况这些资源除作为能源之外还有其他广阔的应用前景。

然而，全球可再生能源资源不仅总量丰富，而且低碳环保、可以再生，未来开发潜力巨大。可再生能源主要包括风能、太阳能、水能、生物质能、海洋能、地热能等。全球水能资源超过100亿千瓦，陆地风能资源超过1万亿千瓦，太阳能资源超过100万亿千瓦，远远超过人类社会全部能源需求，风能、太阳能等新能源的大规模开发利用成为世界主要国家的共同选择。

（二）可再生能源利用现状

能源供应成本是影响能源发展的重要经济因素，目前化石能源与可再生能源供应成本总体呈现出“一升一降”的趋势，如煤炭成本由于开采难度的增加而不断增加，进而由于化石能源资源本身的稀缺性及化石能源利用对环境造成的影响，一些国家和地区已经或即将征收资源税、碳税、污染税，化石能源资源供应价格进一步上涨。化石能源和可再生能源价格“一升一降”也决定了可再生能源是未来能源发展的方向，具有广阔的发展前景。

基于能源安全和可持续发展的考虑，世界上许多国家已把发展可再生能源技术提升到国家战略的高度，投入大量的资金，以期夺取技术制高点。

（三）发展高比例的可再生能源发电

从满足人类发展需求角度看，随着人口增长和城镇化、工业化的快速发展，未来全球能源需求还将保持较快增长。如上所述，可知：①全球可再生能源资源极其丰富，通过实现可再生能源替代化石能源，能够从源头上有效化解化石能源资源紧缺矛盾，满足日益增长的能源需求；②从保护生态环境角度看，化石燃料燃烧所产生的二氧化碳所占比例最大，为了防止大气中二氧化碳浓度超过450×10^{-6}（0.045%）的警戒值，未来全球能源再也不能走高能耗、高碳排放的发展道路，必须将经济发展与二氧化碳排放脱钩。如果2050年全球水能、风能、太阳能等可再生能源占一次能源消费比例提高至80%，届时化石燃料燃烧产生的二氧化碳排放量将降至120亿吨以下，地球温室气体浓度将得到有效控制。

可再生能源逐步替代化石能源已经在世界范围内达成共识，这意味着未来的能源构成将由现在的以化石能源为主、可再生能源为辅转变为以可再生能源为主、化石能源为辅，未来必然走向高比例可再生能源发展之路。

绝大部分可再生能源只有转化为电能才能够高效利用，而且电能作为优质、清洁（零排放）、高效（可以达到90%以上）的二次能源，能够满足绝大多数能源需求，实施以清洁替代和电能替代为主要内容的“两个替代”是世界能源可持续发展的重要方向。

电能替代对能源利用效率的提升是全方位的。从使用上看，电能使用便捷，可以精密控制。从能源转换上看，电能可以实现各种形式能源的相互转换，所有一次能源都能转换成电能。从配置上看，电能既可以就地开发、就地使用，也可以大规模生产、远距离输送，并通过分配系统瞬时送至每个终端用户。中国的数据表明，电能的经济效率是石油的

3.2 倍、煤炭的 17.3 倍。

（四）我国未来的电力需求及发电构成

2015 年 4 月，国家发展和改革委员会能源研究所发布研究成果《中国 2050 高比例可再生能源发展情景暨路径研究》，该成果依倒逼和可行的机制对我国未来的能源资源构成进行了预测。《重塑能源：中国》在采用比较保守方法的前提下预计：2050 年我国电力占整个终端能源消费的比例将提高到 41%以上，2050 年总发电量约为 10.8 万亿 kW · h（基于能源利用效率大幅度提升的假设）；到 2050 年，煤电在我国电能构成中的占比将降低至 12.4%；可再生能源发电比例将达到 68%以上，非化石能源发电量比例达到 82%，其中风电和太阳能发电的比例达到 47.3%以上（风电为 24.7%，太阳能发电为 22.6%）。根据以上预测数据，可把风电和太阳能发电占比达到 50%以上称为高比例的风电和太阳能发电，为了接纳这样高比例的风电和太阳能发电，需要具有充足的可调发电容量，使用储能和需求响应技术等手段对其间歇性、多变性和不确定性进行管理。

三、能源转型的步伐和在中国的紧迫性

（一）电网平价

储能技术与太阳能技术相结合，在配电和发电领域的影响或可与当年互联网所造成的颠覆性冲击相媲美。随着光伏组件价格暴跌，并且储能电池的价格不断下降，在未来 5~10 年，居民极有可能实现 80%的电量自给自足，花 1 万~2 万美元就可实现离网储能附加太阳能系统的安装。这种系统可以向业主提供电力保障，包括预防意外停电；同时，还可降低公用电力公司的基础设施建设成本，如输电网络的成本。

关于“在此种状况下公用电力公司要持续运营应采用何种商业模式”的建议是，“公用电力公司可能像当年邮局遭遇联邦快递一样，遭遇自己的‘联邦快递’，最好的顾客，那些有能力支付账单的顾客（80%）被抢走”；“这一趋势无法避免，我们应该提出一个在这种状况下仍然可以盈利的业务模式”，以保持竞争力；要使公用电力公司能借到资金，以有能力购买系统，并与拥有光伏组件、储能和住宅屋顶租赁权的私营企业合作，以便为业主提供廉价电力。

这里有如下两点需要说明：

（1）这里所说的“用户侧太阳能光伏发电的平价上网”与前面“太阳能光伏组件加电池储能系统能达到与电网平价”是不同的，其间的差别是后者计及了储能的成本。以下用“PV Grid Parity”表示太阳能光伏发电的平价上网。

（2）虽然一些国家或地区已经实现了 PV Grid Parity，但是，电网平价本身不能保证市场的创建。为了培养光伏自我消费市场，监管的覆盖是十分必要的。这里的监管的覆盖并不意味着经济支持。为了促进电网平价自我消费市场的发展，政策制定者需要集中精力扫除行政障碍，通过创造或者完善调控机制来保障电网平价自我消费者可以向电网回馈多余电能并取得回报。

（二）能源转型的步伐

能源历史学家丹尼尔・尤金的观点，目的是提醒人类充分认识能源转型的艰巨性。

丹尼尔・尤金认为，大型能源转换需要很长的时间——往往持续几十年，而不是几年，只是因为它们不被希望存在。他写道：蒸汽机发动了世界能源的第一次重大转型。人类开始转向煤炭，而不再像过去 40 万年那样依赖木材、农业残渣和废弃物等生物质，19 世纪是煤炭时代，但正如著名的加拿大能源经济学家瓦茨拉夫所指出的，到 1840 年煤仅达到了世界能源供应的 5%，而且直到 1900 年还未达到 50%。现代石油工业始于 1859 年，但也是如此，石油花了一个多世纪才取代煤成为世界头号能源。最重要的历史教训是，能源资源的发展需要较长时间。而不重要的教训是，较老的能源很难离开，即使较新的能源已超越且已覆盖了较老的能源。在 20 世纪 60 年代，石油可能已经取代煤炭成为世界上最顶级的能源，但自那时以来，全球煤炭消费量已翻了三倍。问题是，许多观察家在谈论能源转型话题时，常常忽视这种转型所要求的变化规模。

美国的埃克森美孚公司支持这一观点。他们声称，他们是太阳能研究的先驱，第一套可充电的锂离子电池就是 20 世纪 70 年代在埃克森实验室开发出来的，该项技术现已扩展为电力消费电子产品和电动汽车。这两项开发都是埃克森美孚公司常规进行的先进研究的代表，旨在帮助解决双重挑战：满足世界能源需求，同时管理好能源使用的环境影响，包括气候变化。这种研究从改善目前利用石油和天然气的方式出发，来思考未来几十年将为世界提供动力的燃料和技术。

丹尼尔・尤金从历史经验角度展示了能源转型的缓慢历程。

中国的特殊情况是：一方面煤炭、石油和天然气的储量并不充裕；另一方面能源现在仍以煤炭为主，除了造成大量二氧化碳排放，还致使雾霾、酸雨和酸沉降严重，人们迫切希望尽快解决这些问题。所以，我国政府现在是双管齐下：一方面强调大力发展可再生能源，积极推进能源转型的步伐；另一方面强调推进煤炭的清洁高效利用。

第三节　智能电网的构想

一、智能电网的总体设想

（一）智能电网与目前电网功能的比较

表 1-1 给出了智能电网与目前电网功能的比较。

表 1-1　智能电网与目前电网功能的比较

特征	目前电网	智能电网
使用户能够积极参与电网的优化运行	用户无信息，不能参与系统的优化运行	消费者拥有信息，并可介入和积极参与系统的优化运行——需求响应和分布式能源
容纳全部发电和储能选择	中央发电占优，对分布式发电接入电网有许多障碍	有高渗透率的、即插即用的分布式可再生能源（发电和储能）
使新产品、新服务和新市场成为可能	有限的趸售市场，未很好地集成——用户只有有限的机会	建立成熟的、很好集成的趸售电力市场，为消费者扩大新的电力市场
为数字经济提供电能质量	关注停运，但对电能质量问题响应很慢	保证电能质量，有各种各样的质量/价格方案可供选择——问题可快速解决
优化资产利用和高效运行	很少把运行数据与资产管理结合起来——竖井式的业务进程	极大地扩展了电网参数的采集——重视防止和最小化对消费者的影响
预测并对系统干扰做出响应（自愈）	为防止设备损毁而做出响应，扰动发生时只关注保护资产	自动检测所存在的问题并做出响应——聚焦于防止和最小化对消费者的影响
袭击和自然灾害发生后迅速恢复运行	面对恐怖的恶意行为和自然灾害时很脆弱	对袭击和自然灾害能复原，具有快速恢复能力（可再生能力）

（二）智能电网的近远期目标（智能电网建设的长期性）

智能电网的愿景在智能化及诱人的前景方面是极不寻常的。它将像互联网那样改变人们的生活和工作方式，并激励类似的变革。但要实现智能电网，由于其本身的复杂性和涉及的广泛利益相关者，需要漫长的过渡、持续的研发和多种技术的长期共存。

短期内可以着眼于实现一个较为智能的电网。它利用已有的或不久的将来就可配置的技术，使目前的电网更有效；在提供优质电力的同时，也提供相当大的社会效益，如较小的环境影响等。

二、智能电网的主要运行技术组成

目前，设想中的智能电网主要运行技术包括高级量测体系（AMI）、高级配电运行（ADO）、高级输电运行（ATO）和高级资产管理（AAM）四大部分。

（一）AMI

AMI是用来量测、采集、存储、分析和运用消费者用电信息的完整的系统，是一种以开放式的标准集成消费者信息的方法。生态文明要求寻求新的途径来鼓励用户高效地用电和在峰荷期间降低电能消耗，而AMI为用户创造了较好的理解和管理用电的机会，使那些有合作愿望的用户变成需求响应的积极提供者。

AMI是许多技术和应用集成在一起的解决方案，其技术组成和功能主要包括以下几方面：

（1）智能电表。可以定时或即时取得用户带有时标的分时段的（如15min>1h等）或实时（或准实时）的多种计量值，如用电量、用电功率、电压、电流和其他信息；事实上已成为电网的传感器。

（2）通信网络。采取固定的双向通信网络，能把表计信息（包括故障报警和装置干扰报警）近于实时地从电表传到数据中心，是全部高级应用的基础。

（3）量测数据管理系统（MDMS）。这是一个带有分析工具的数据库，通过与AMI自动数据采集系统的配合使用，处理和储存电表的计量值。

（4）用户户内网（HAN）。通过网关或用户门户把智能电表和用户户内可控的电器或装置（如可编程的温控器）连接起来，使得用户能根据电力公司的需要，积极提供需求响应或参与电力市场。

（5）提供用户服务（如分时或实时电价等）。

（6）远程接通或断开。

AMI的实施将为电网铺设最后一段双向通信线路，从而建立起一个可实现未来智能电网的遍及系统的通信网络和信息系统体系。基于该体系，AMI可为电力公司提供系统范围的量测和可观性，并进一步支持ADO、ATO和AAM。同时，通过双向通信，AMI将电力公司和用户紧密相连，这既可以使用户直接参与实时电力市场，又促进了电力公司与用户的配合互动。若辅以灵活的定价策略，则可以激励用户主动地根据电力市场情况参与需求响应。电表的双向计量功能也能够使用户拥有的分布式电源比较容易地与电网相连，同时也为系统的运行与资产管理提供可靠的依据和支持。为了充分挖掘AMI的价值，需要开放电力零售市场或制定灵活的定价计费机制。

（二）ADO

ADO的工程组成主要包括如下几方面：①ADA。②高级保护与控制。③配电快速仿真与建模。④新型电力电子装置。⑤DER运行。⑥AC/DC微网运行。⑦配电数据采集与监控系统（SCADA）。⑧配电地理信息系统（GIS）。⑨（带有高级传感器的）运行管理系统。⑩停运管理系统。

ADO主要的功能是使系统可自愈。为了实现自愈，配电网应具有灵活的可重构的网络拓扑和实时监视、分析系统目前状态的能力。后者既包括识别故障早期征兆的预测能力，也包括对已经发生的扰动做出响应的能力。而在系统中安放大量的监视传感器并把它们连接到一个安全的通信网上，是做出快速预测和响应的关键。

（三）ATO

ATO强调阻塞管理和降低大规模停运的风险，ATO与AMI、ADO和AAM的密切配合可实现输电系统的（运行和资产管理）优化。

输电网是电网的骨干，ATO在智能电网中的重要性毋庸置疑，其技术组成和功能如下：①变电站自动化。②输电GIS。③相量测单元/广域量测系统。④高速信息处理。⑤高级保护与控制。⑥输电快速仿真与建模。⑦可视化工具与态势感知。⑧高级输电网络元件，如电力电子（灵活交流输电、固态开关等）、先进的导体和超导装置。⑨先进的区域电网运行，如提高系统安全性，适应市场化和改善电力规划及设计的规范与标准（特别注意电网的模型的改进，如集中式的发电模型及受配电网络和有源电力用户影响的负荷模型）。

（四）AAM

AMI、ADO和ATO与AAM的集成将大大改进电网的运行和效率。

实现AAM需要在系统中装设大量可以提供系统参数和设备（资产）健康状况的高级传感器，并把所收集到的实时信息与如下过程集成：①优化资产使用的运行。②输、配电网规划。③基于状态（如可靠性水平）的维修。④工程设计与建造。⑤顾客服务。⑥工作与资源管理。⑦建模与仿真。

（五）智能电网实施顺序是有价值的

智能电网的四个部分之间是密切相关的，表现在如下几方面：①AMI与用户建立通信联系，使用户能够访问电力市场和提供带时标的系统信息，使系统实现广泛的可视化。②ADO使用AMI的通信收集配电信息，改善配电网运行。③ATO使用ADO信息改善输电系统运行和管理输电阻塞，基于AMI使用户能够访问市场。④AAM使用AMI、ADO和ATO的信息与控制，改善运行效率和资产使用。

三、智能电网组成要素的分层描述

（一）物理电力层

物理电力层又称功率层。该层包括集中式发电、输电、变电、配电、用户、分布式发电及储能。由于分布式发电、储能设备与电动汽车等的接入，配电网上的潮流也有可能是双向的。资产安全性的监视与保护属于这一层的任务。

（二）数据传输与控制层（通信和控制）

数据传输与控制层包括电力公司和集中式发电企业的局域网（LAN）、广域网（WAN）、邻域网（FAN）/AMI及户内网/驻地网（HAN/PN）。

通信层里传输着的双向数据流，是来自传感器和发送给控制机构的。集成的设备（网络）安全（包括数据的安全性和隐私性）必须得到保证。

（三）应用层

应用层包括AMI、需求响应、电网优化与自愈、分布式电源与储能的集成、PHEV和智能充电（包括监视与控制的执行），以及商业及客户服务（如数据服务）、应用和未来服务（如实时电力市场）等项目，主要功能是利用数据传输与控制层提供的服务来实现各级智能电网所要求的功能。

四、与智能电网相关的技术

智能电网将把工业界最好的技术和理念应用于电网，以加速智能电网的实现，如开放式的体系结构、互联网协议、即插即用、共同的技术标准、非专用化和互操作性等。事实上，其中有些已经在电网中应用了。但是仅当辅以体现智能电网的双向数字通信和即插即用能力的时候，其潜能才会喷发出来。智能电网的相关技术将催生新的技术和商业模式，实现产业革命。

事实上，与智能电网相关的技术非常广泛。可以分为三类，即智能电网技术、智能电网可带动的技术和为智能电网创建平台的技术。

（一）智能电网技术

关于智能电网技术内容构想，在不同文献中会有不同，但它们是互补的。

智能电网将加强电力交换系统的方方面面，包括发电、输电、配电和消费等，具体如下：①提供大范围的态势感知，该项工作有助于缓解电网的阻塞和瓶颈，缩小乃至防止大停电。②为电网运行人员提供更好“粒度”的系统可观性，使他们能够优化潮流控制和资产管理，并使电网具有自愈和事故后快速恢复的能力。③大量集成和使用分布式发电，特别是可再生清洁能源发电。④使电力公司可通过双向的可见性，倡导、鼓励、支持消费者参与电力市场和提供需求响应。⑤为消费者提供机会，使他们能以前所未有的程度积极参与能源选择。

智能电网技术包括如下几方面：①通过增加数字信息和控制技术的使用来提高电网的可靠性、安全性和效率。②保障充分设备安全的电网运营和资源的动态优化。③部署和集成分布式能源和发电，包括可再生能源。④开发并结合需求响应、需求侧资源和能源效率资源。⑤部署用于计量的智能技术、有关电网运行和状态的通信，以及配电自动化。⑥集成智能家电和消费类设备。⑦先进的电力储存和削峰技术的部署和整合，包括 PEV 和 PHEV 及热存储空调。⑧向消费者提供及时的信息和控制选项。⑨制定与电网连接的电器和设备的通信及互操作性标准，包括为电网提供服务的基础设施。⑩识别和降低采用智能电网技术、实践和服务的不合理或不必要的障碍。

智能电网是个非常复杂的物理系统，确保其安全是国家层面需要关注的问题。而为了确保在智能电网技术方面投入的资金具有成本效益，智能电网需要建立互操作性标准和协议。

应该注意，智能电网是一个不断发展的目标，需要进行持续的研究，以预测不断变化的需求，评估不断变化的收益和成本，以确定哪些技术是需要优先发展的。

（二）智能电网可带动的技术

需要澄清的是，风力发电机组、插电式的电动汽车和光伏发电等设备不是智能电网技术的组成部分。智能电网技术所包含的是那些能够集成，与之接口和智能化控制这些设备的技术。智能电网的最终是否成功取决于这些设备和技术是否能够有效地吸引和激励广大的消费者。

智能电网作为一个平台，可推动和促进创新，使许多新技术可行，为它们的发展提供机会，并形成产业规模。举例来说，智能电网可使人们：①广泛地使用 PEV 和 PHEV；②实现大规模能量存储；③一天 24h 使用太阳能；④无缝地集成像风能这样的可再生能源；⑤用户能够选择自己的电源和用电模式；⑥促进节能楼宇的开发。

但这些技术本身不属于智能电网的范畴，而是智能电网可带动和促进的技术。

（三）为智能电网创建平台的技术

（1）集成的通信。其基于安全和开放式的通信体系结构，为系统中每个节点都提供可靠的双向通信，以便实现对电网中每一个成员的实时信息交换和控制，并确保设备安全和信息的保密性、完整性和可用性。

（2）传感和测量技术。其用以支持系统优化运行、资产管理和更快速、更准确的系统响应，如远程监测、分时电价和需求侧管理等。

（3）高级的组件。其中包括储能技术、电力电子技术、应用超导技术和诊断技术等方面的最新研究成果。

（4）先进的控制方法。其可以使快速诊断和各种事件的精确解决成为可能。

（5）完善的接口和决策支持。其用以增强人类决策，使电网运行和管理人员对系统的内在问题具有清晰的了解。

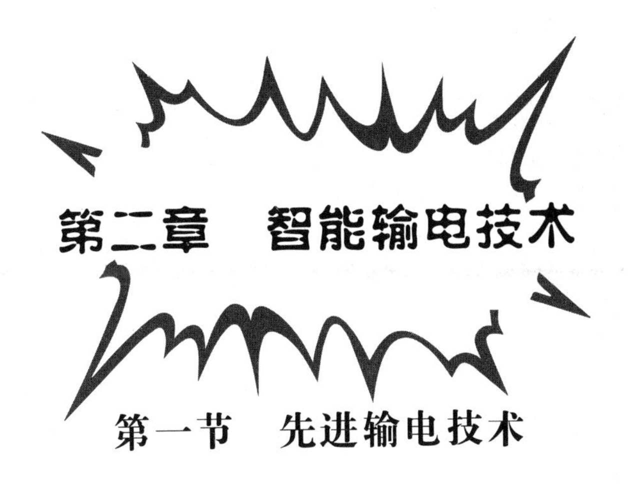

第一节　先进输电技术

一、特高压输电技术

特高压输电技术包括特高压交流输电技术和特高压直流输电技术。

（一）特高压交流输电技术

特高压交流输电是指1000kV以上电压等级的交流输电工程及相关技术。特高压交流电网突出的优势是：可实现大容量、远距离输电，1000kV输电线路的输电能力可达同等导线截面的500kV输电线路的4倍以上；可大量节省线路走廊和变电站占地面积，显著降低输电线路的功率损耗；通过特高压交流输电线实现电网互联，可以简化电网结构，提高电力系统运行的安全稳定水平。

21世纪以来，我国在特高压交流输电技术领域开展了全面深入的研究工作，掌握了特高压交流输电的核心技术，主要体现在以下几方面：

（1）在过电压深度控制方面，采用高压并联电抗器、断路器合闸电阻和高性能避雷器联合控制过电压，并利用避雷器短时过负荷能力，将操作过电压限制在1.6~1.7p.u.、工频过电压限制在1.3~1.4p.u.、持续时间限制在0.2s以内，兼顾了无功平衡需求，有效降低了对设备绝缘水平的要求。

（2）采用高压并联电抗器中性点小电抗控制潜供电流方法，成功实现了1s内的单相重合闸，避免了采用动作逻辑复杂、研制难度大、价格昂贵的高速接地开关方案，解决了潜供电流控制的难题。

（3）通过对特高压交流输电系统绝缘配合的大量研究，获得了长空气间隙的放电特性曲线，初步提出了空气间隙放电电压的海拔修正公式，引入反映多并联间隙影响的修正系数，采用波前时间1000μs操作冲击电压下真型塔的放电特性进行绝缘配合，合理控制了各类间隙距离。

（4）大规模采用有机外绝缘新技术，在世界上首次采用特高压、超大吨位复合绝缘子和复合套管，结合高强度瓷/玻璃绝缘子、瓷套管的使用，攻克了污秽地区特高压交流输电工程的外绝缘配置难题。

（5）为了控制电磁环境水平，特高压输电线路采用大截面多分裂导线，变电站全部进行全场域三维电场计算和噪声计算，优化了变电站布置和设备金具结构，并成功研制出低噪声设备和全封闭隔音室，电晕损失和噪声控制达到国际先进水平。

（6）开展特高压电网安全稳定水平的大规模仿真计算分析，结合发电机及励磁系统的实测建模，以及系统电压控制、联网系统特性试验结果，研究掌握了特高压电网的运行特性，提出了特高压电网的运行控制策略并成功实施。

（7）建立特高压输电技术标准体系，形成了从系统集成、工程设计、设备制造、施工安装、调试试验到运行维护的全套全过程技术标准和试验规范。

（8）成功研制出代表世界最高水平的全套特高压交流设备：额定电压1000kV、额定容量1000MVA（单柱电压1000kV、单柱容量334MVA）的单体式单相变压器；额定电压1100kV、额定容量320Mvar的高压并联电抗器；额定电压1100kV、额定电流6300A、额定开断电流50kA（时间常数120ms）的 SF_6 气体绝缘金属封闭组合电器；特高压瓷外套避雷器、特高压棒形悬式复合绝缘子、复合空心绝缘子及套管等特高压设备。

（二）特高压直流输电技术

国际上，高压直流通常指的是±600kV及以下直流系统，±600kV以上的直流系统称为特高压直流。在我国，高压直流指的是±660kV及以下直流系统，特高压直流指的是±800kV和±1000kV直流系统。

从电网特点看，特高压交流可以形成坚强的网架结构，对电力的传输、交换、疏散十分灵活；直流是“点对点”的输送方式，不能独自形成网络，必须依附于坚强的交流输电网才能发挥作用。

特高压直流输电具有超远距离、超大容量、低损耗、节约输电走廊和调节性能灵活快捷等特点，可用于电力系统非同步联网；由于不存在交流输电的系统稳定问题，可以按照送、受两端运行方式变化而改变潮流，所以更适合于大型水电、火电基地向远方负荷中心送电。与高压直流输电相比，特高压直流输电具有以下技术和经济优势：

（1）输送容量大。采用6英寸晶闸管换流阀、大容量换流变压器和大通流能力的直流场设备；电压可以采用±800kV或±1000kV；±800、±1000kV特高压直流输电能力分别是±500kV高压直流的2.5倍和3.2倍，能够充分发挥规模输电优势，大幅提高输电效率。

（2）送电距离远。采用特高压直流输电技术使超远距离的送电成为可能，为实现更大范围优化资源配置提供技术手段。研究结果表明，±800kV 经济输电距离为 1350~2350km，±1000kV 经济输电距离为 2350km 以上。

（3）线路损耗低。在导线总截面、输送容量均相同的情况下，±800kV 直流线路的电阻损耗是±500kV 直流线路的 39%，是±600kV 直流线路的 60%，可提高输电效率，降低输电损耗。

（4）工程投资省。由于特高压直流工程输送容量大、送电距离远，特高压直流工程的单位千瓦每千米造价显著降低，根据计算分析，±800kV 直流输电工程的单位千瓦每千米综合造价约为±500kV 直流输电方案的 87%，节省工程投资效益显著。

（5）走廊利用率高。±800kV 直流输电单位走廊宽度输送容量是±500kV 的 1.3 倍左右，提高输电走廊利用效率，节省宝贵的土地资源。

（6）运行方式灵活。特高压直流输电工程采用双极对称和模块化设计，每极采用双 12 脉动换流器串联的接线，单个换流器单元和单极故障不影响其他换流单元和极的运行，运行方式灵活，系统可靠性大大提高。任何一个换流器发生故障，系统仍能够保证 75%额定功率的送出。由于采用对称、模块化设计，工程可以分步建设、分期投入运行。

（7）可靠性高。特高压直流输电工程除采用对称和模块化设计提高系统可靠性外，还对控制保护等重要部分采取冗余设计，从而大大提高特高压直流输电系统的可靠性。直流输电可控性好，输电电压、电流和功率及送电方向可以灵活调节。据分析，±800kV 特高压直流工程的单换流器停运率平均不大于 2 次/年，双极强迫停运率不大于 0.05 次/年，能量不可利用率不大于 0.5%。

（8）环境友好。特高压直流工程通过采用大截面、多分裂导线和增加对地距离，特高压直流工程的线路电磁环境指标与常规±500kV 直流输电工程相当，完全满足国家环境指标要求。通过采用低噪声设备、优化换流站平面布置、采用隔声屏障等措施，如平波电抗器采用高效一体化消声装置，围墙合理装设隔音屏，经仿真计算表明特高压直流工程换流站噪声场界可达到国家二类标准，即昼间不大于 60dB（A），夜间不大于 50dB（A）。

二、柔性输电技术

（一）灵活/柔性交流输电技术

20 世纪 80 年代，美国电力科学研究院提出柔性交流输电系统（FACTS）的概念。20 世纪 90 年代末期，IEEE PES 学会正式公布的 FACTS 的定义是：装有电力电子型和其他静止型控制装置以加强可控性和增大电力传输能力的交流输电系统。可以说，FACTS 的基石是电力电子技术，核心是FACTS装置，关键是对电网运行参数进行灵活控制。通过安装FACTS装置可以实现电压、阻抗、功角等电气量的快速、频繁、连续控制，克服传统控制方法的局限性，增强电网的灵活性和可控性。

在以晶闸管控制串联电容器、静止无功补偿器、可控并联电抗器、故障电流限制器为代表的第一代FACTS装置研究与应用方面，我国走在世界前列，并在我国电网中推广应用，获得了良好的社会效益和经济效益。在以静止同步补偿器和静止同步串联补偿器为代表的第二代FACTS装置方面，我国已开展相关技术研究，其中静止同步补偿器在输电网已有示范应用，但在容量、电压等级和可靠性等方面与国外技术水平尚存在一定差距；静止同步串联补偿器仍然处于实验室研究阶段，还没有实际的工业装置投入运行。以统一潮流控制器、线间潮流控制器、可转换静止补偿器为代表的第三代FACTS装置是对第二代FACTS装置的创新和发展，功能更强大，结构更加紧凑，性能大幅度提升，可以为电网提供更先进的控制手段，代表了FACTS技术的发展方向。

在智能电网中大规模应用FACTS装置，还要解决一些全局性的技术问题，例如多个FACTS装置间的协调控制问题，FACTS装置与已有常规控制、继电保护的配合问题，FACTS装置纳入智能电网调度系统的问题等。下面对典型FACTS装置的应用功能进行简单介绍。

1. 静止无功补偿器

静止无功补偿器（SVC）是在机械投切式电容器和电感器的基础上，采用大容量晶闸管代替机械开关而发展起来的，它可以快速地改变其发出的无功功率，具有较强的无功调节能力，可为电力系统提供动态无功电源。SVC在电网运行中可以起到提高电压稳定性、提高稳态传输容量、增强系统阻尼、缓解次同步谐振（振荡）、降低网损、抑制冲击负荷引起的母线电压波动、补偿负荷三相不平衡等作用。SVC主要包括以下四种结构：晶闸管控制电抗器（TCR）、晶闸管投切电容器（TSC），TCR+固定电容器（FC）混合装置、TCR+TSC混合装置。

单相TSC的结构：由电容器、反并联晶闸管阀和阻抗值很小的限流电抗器组成。三相TSC由三个单相TSC按三角形连接构成，通常由同样连接成三角形的降压变压器低压绕组供电。TSC有两个工作状态，即投入和断开状态。投入状态下，反并联晶闸管导通，电容器起作用，TSC发出容性无功功率；断开状态下，反并联晶闸管阻断，TSC不输出无功功率。

TCR只能在滞后功率因数的范围内提供连续可控的无功功率。为了将动态范围扩展到超前功率因数区域，可以与TCR并联一个固定电容器FC。通常TCR容量大于FC容量，以保证既能输出容性无功又能输出感性无功。固定电容器通常接成星形，并被分成多组。实际应用中每组电容器常用一个滤波支路（LC 或 LCR）来取代单纯的电容支路。滤波网络在工频下等效为容抗，而在特定频段内表现为低阻抗，从而能对 TCR 产生的谐波分量起滤波作用。固定电容器将 SVC 的可控范围扩展到了超前功率因数区。由于引入了电压控制，FC-TCR 的运行范围被压缩到一条特性曲线上，这种特性曲线体现了 SVC 的硬电压控制特性，它将系统电压精确地稳定在电压设定值上。根据系统要求，可分别确定 FC 和 TCR 的额定容量，就能确定发出和吸收无功功率的范围。

TSC 装置不产生谐波，但只能以阶梯方式满足系统对无功的需求；FC-TCR 型 SVC 响应速度快且具有平衡负荷的能力，但由于 FC 工作中产生的容性无功需要 TCR 的感性无功来平衡，因此在需要实现输出从额定容性无功到额定感性无功调节时，TCR 容量是额定容量的两倍，从而导致器件和容量上的浪费。TSC-TCR 型 SVC 可以克服上述缺点，具有更好的灵活性，并且有利于减少损耗。根据装置容量、谐波影响、晶闸管阀参数、成本等因素确定由 n 条 TSC 支路和 m 条 TCR 支路构成。由于 TCR 的容量较小，因此产生的谐波也大大减小。实际应用中，TSC 支路通过串联电抗器被调谐在不同的谐波频率上。为了避免所有的 TSC 同时被切除的情况，需要添加一个不可切的电容滤波支路。在运行电压点附近协调 TCR 与 TSC 的运行状态，抑制临界点可能出现的投切和调节振荡是该条件下需要特别注意的问题。与 FC-TCR 型 SVC 外特性类似，TSC-TCR 型 SVC 的外特性也可表示为可控电纳，在一定的范围内能以一定的响应速度跟踪输入的电纳参考值。总的运行范围由 4 个区间组成，包括 3 个 TSC 全部投入时的运行区间，以及 2 个、1 个或者没有 TSC 投入时的运行区间。稳态条件下，TSC-TCR 型 SVC 与 FC-TCR 型 SVC 的运行特性相同。

2. 晶闸管控制串联电容器

输电线路采用串联电容器补偿线路感抗的方式可以缩短线路的等效电气距离，减小功率输送引起的电压降和功角差，从而提高线路输送能力和系统稳定性。常规串联电容器补偿装置的补偿容抗固定，也称为固定串联电容器（FSC）补偿，它不能灵活地调整补偿容抗值以适应系统运行条件的变化。晶闸管控制串联电容器（TCSC）应用了电力电子技术，利用对晶闸管阀的触发控制，实现对串联补偿容抗值的平滑调节，使输电线路的等效阻抗成为动态可调，系统的静态、暂态和动态性能得到改善。TCSC 是 FACTS 技术应用的典型装置之一，在电网中可以起到控制电网潮流分布、提高系统稳定性极限、阻尼系统振荡、缓解次同步谐振、预防电压崩溃等作用。

TCSC 由电容器组和晶闸管阀控制的电抗器并联组成，即在固定电容器组 FC 旁边并联 1 个 TCR 支路，其基本思路是用 TCR 部分抵消固定电容器的容抗值，从而获得连续可控的等效串联阻抗，除了电容器组、晶闸管阀和电抗器外，还包括与电容器组一起安装的保护设备，如金属氧化物限压器（MOV）、火花间隙及限流阻尼电路等，它们都被安装在与地面绝缘的高压平台上。另外还有其他辅助设备，如用于各支路电流测量用的电流互感器、旁路断路器、旁路开关、隔离开关、接地开关及测量电容器两端电压的电阻分压器等。实际的 TCSC 结构通常采用多组 TCSC 模块串联构成，并常与 FSC 结合起来使用，采用 FSC 的目的主要是降低整套串补装置成本。每个 TCSC 模块参数可以不同，以提供较宽的阻抗控制范围。

对于 TCSC 而言，其等效串联阻抗是可变的，能够对线路功率进行大范围的连续控制。等效串联阻抗的变化是通过控制 TCR 支路触发角 a 来实现的。TCR 的基波电抗值是触发角 a 的连续函数，因此 TCSC 的等效基波阻抗由一个不可变的容性电抗和一个可变的感性电抗并联组成。

3. 可控并联电抗器

可控并联电抗器（CSR）是一种新型 FACTS 装置，它并联于电力系统，且其电抗值可以在线调节，在一定程度上解决电压在小负荷方式下过高或大负荷方式下过低的情况，紧急情况下可以实现强补以抑制工频过电压，配合中性点电抗器还可以抑制潜供电流、降低恢复电压。CSR 的投入运行，使双回或多回线发生 N-1 故障时，可按其最大调节范围实现动态无功补偿，提高系统的电压稳定性。同时，对于系统在各种扰动下出现的电压振荡或功率振荡也能起到一定的抑制作用，提高系统的动态稳定性。CSR 主要有磁控式并联电抗器（MCSR）和分级式可控并联电抗器（SCSR）两种。MCSR 通过晶闸管控制励磁系统电流来改变电抗器铁芯的饱和程度，可实现并联电抗值的快速、连续、大范围调节。SCSR 通过晶闸管分级投切变压器低压侧电抗器，可实现并联电抗值在有限个级别间的快速切换。

MCSR 由电抗器本体和控制系统两部分组成。对于 500kV 以上电压等级应用的 MCSR，由于电抗器本体容量大，通常采用单相式结构。

MCSR 的运行原理：系统电压扰动触发控制器，控制器通过调节晶闸管整流器延时触发角以改变励磁绕组的直流励磁电流，从而控制电抗器本体的磁饱和程度，最终实现电抗器本体吸收无功的平滑调节，抑制安装点的电压扰动。如果在安装点或输电线路上出现了操作过电压或工频过电压，旁路断路器快速闭合，使电抗器励磁绕组短路。这种情况下，电抗器的运行不依赖于控制设备的运行模式，而类似自饱和电抗器，输出无功功率发生突变甚至超过额定容量，限制过电压。

SCSR 充分利用了变压器的降压作用，使晶闸管阀工作在低电压下，同时加大变压器的漏抗，使漏抗值达到或接近100%；再在变压器的二次侧串联接入多组电抗器，并由晶闸管和机械开关组合进行分级调节，实现感性无功功率的分级控制。典型的SCSR主电路方案。SCSR可以满足潮流变化时电压和无功控制要求，对于大幅值振荡，可以采用乒乓投切方式阻尼，在系统发生故障或扰动时响应迅速，不产生谐波。由于免除采用晶闸管冷却回路，成本显著降低，维护方便。由于高阻抗变压器的磁通全部为漏磁通，需要特别注意电抗器本体局部过热问题。

此外，还有一种分级/连续调节CSR主电路方案。该方案相当于1台多个二次绕组依次工作于短路状态的多绕组变压器，每个控制绕组中串接反并联晶闸管和限流电抗器。当通过控制晶闸管使第n个控制绕组投入工作时，第1、2、…、$n-1$个控制绕组均已处于短路状态。因此，可以认为其电流中没有谐波。这样，一次绕组中电流谐波含量的绝对值只由第n个控制绕组的功率和晶闸管的导通程度决定，谐波含量不仅与第n个控制绕组本身的电流有关，还与已经处于短路状态的第1、2、…、$n-1$个控制绕组的电流有关。由于每个控制绕组的额定功率是根据电网谐波要求而设计的，只占电抗器总额定功率的一部分，所以尽管从单个控制绕组来看谐波并不小，但从工作绕组来看要小得多。因此，通过依次把各个控制绕组投入工作并正确控制晶闸管的导通，在满足电流谐波要求的前提下，该装置能够实现无功功率从空载功率到额定功率的分级平滑控制。这种CSR主电路方案要求根据调节的级数确定变压器二次绕组的数目，当要求级数较多时，变压器的结构会变得比较复杂。

CSR在电网中的应用主要体现在以下几方面。

（1）简化无功电压控制措施。由于CSR无功功率可以连续变化，可以将输电线路的广义自然功率调节为线路自然功率的30%~100%。在电网潮流的正常变化范围内，无须配置或使用其他无功电压调节手段。

（2）限制工频过电压。在电网正常运行时，CSR无功功率可根据线路传输功率自动调节，以稳定其电压水平。此外，在线路潮流较重时，若出现末端三相跳闸甩负荷的情况，处于轻载运行的CSR可快速调节到系统所需的容量，以限制工频过电压。

（3）消除发电机自励磁。发电机带空载线路运行时，有可能产生自励磁。CSR可以自动调整到合适的补偿容量，以消除自励磁，为大机组直接接入电网创造条件。

（4）限制操作过电压。由于CSR的调节作用使电网的等效电动势降低，加之由于CSR的补偿作用使空载线路的工频过电压得以抑制，从而降低了系统的操作过电压水平。CSR具备较强的过电压和过负荷能力，可有效地限制线路计划性合闸、重合闸、故障解列等的操作过电压。

（5）无功功率动态补偿。CSR可快速调节自身无功功率，是特高压电网理想的无功补偿设备。采用CSR后，可以起到无功功率动态平衡和电压波动的动态抑制。如果施加适当的附加控制，还可以增加系统阻尼，提高输电能力。

（6）抑制潜供电流。单相重合闸在我国电网500kV输电线路中广泛采用，因此，降低线路单相接地时的潜供电流以提高单相重合闸的成功率是改善系统可靠性和稳定性的一个重要环节。模拟实验和理论分析表明，CSR配合中性点小电抗和一定的控制方式，可大大减小线路单相接地时的潜供电流，有效促使电弧熄灭。

由以上分析可知，CSR主要用于解决长距离重载线路限制过电压和无功补偿的矛盾，还可将其作为一种无功补偿的手段，与SVC等无功补偿方案进行经济技术比较。

4. 故障电流限制器

故障电流限制器（FCL）是一种串联在输电线路中的FACTS装置，在系统正常运行时其阻抗为零，不对系统运行产生任何影响。当系统发生故障时，FCL通过投切或以其他的方式迅速增大串联阻抗来达到限制线路短路电流的目的。在适当位置装设合适的FCL可使电网的互联和电源容量的增加不再受制于短路电流水平，对于电网安全稳定运行具有重要意义。

串联谐振型FCL技术较容易实现，经济特性较好，而且满足电力系统对可靠性的要求，是目前具有应用前景的技术方案。该方案面向500kV电网，其中电容器旁路采用了避雷器、晶闸管阀与快速开关三种保护相结合的形式，从而最大限度地保证电容器旁路保护动作的可靠性。

5. 静止同步串联补偿器

静止同步串联补偿器（SSSC）属于第二代FACTS装置，它可以等效为串联在线路中的同步电压源，通过注入与线电流呈合适相角的电压来改变输电线路的等效阻抗，具有与输电系统交换有功功率和无功功率的能力。若注入的电压与线路电流同相，那么就可以与电网交换有功功率；若注入的电压与线路电流正交，那么就可以与电网交换无功功率。SSSC不仅调节线路电抗，还可以同时调节线路电阻，且补偿电压不受线路电流大小影响，是比TCSC更具潜力的一种FACTS装置。

当注入滞后于线路电流90°的电压时，SSSC可等效成串联在线路中的容抗，此时称SSSC工作在容性补偿模式。当注入超前于线路电流90°的电压时，SSSC可等效成串联在线路中的感抗，此时称SSSC工作在感性补偿模式。SSSC具有等效补偿电抗，容性时取正值，感性时取负值。

6. 统一潮流控制器

统一潮流控制器（UPFC）是由并联补偿的STATCOM和串联补偿的SSSC相结合构成

的新型潮流控制装置，是目前通用性最好的 FACTS 装置，仅通过控制规律的改变，就能分别或同时实现并联补偿、串联补偿和移相等功能。

UPFC 的结构：包括两个通过公共直流侧相连接的电压源换流器（VSC）。其中，VSC1 通过并联耦合变压器并联在输电线路上，VSC2 通过一个串联耦合变压器串联在输电线路中。

两个 VSC 的电压是通过公共的直流电容器组提供的。VSC2 提供一个与输电线路串联的电压相量，其幅值变化范围为 0 ~ U_{pqmax}，相角变化范围为 0~360°。在此过程中，VSC2 与输电线路既交换有功功率，也交换无功功率。虽然无功功率是由串联 VSC 内部发出或吸收的，但有功功率的发出或吸收需要直流储能元件。VSC1 主要用来向 VSC2 提供有功功率，该有功功率是从线路本身吸收的。VSC1 用来维持直流母线的电压恒定。这样，从交流系统吸收的净有功功率就等于两个 VSC 及其耦合变压器的损耗。VSC1 还兼具 STATCOM 功能。

（二）柔性直流输电技术

柔性直流输电（VSC-HVDC）是以 VSC 和 PWM 技术为基础的新型直流输电技术，也是目前进入工程应用的较先进的电力电子技术。VSC-HVDC 在孤岛供电、城市配电网的增容改造、交流系统互联、大规模风电场并网等方面具有较强的技术优势。

当两个 VSC 的交流侧并联到不同的交流系统中，而直流侧连在一起时就构成了 VSC-HVDC 输电系统。典型的 VSC-HVDC 换流站采用三相两电平 VSC，每个桥臂都由多个 IGBT 串联而成，称之为 IGBT 阀。直流侧电容器为 VSC 提供直流电压支撑，缓冲桥臂关断时的冲击电流，减小直流侧谐波。换相电抗器是 VSC 与交流系统进行能量交换的纽带，同时也起到滤波器的作用。交流滤波器的作用是滤去交流侧谐波。换流变压器是带抽头的普通变压器，其作用是为 VSC 提供合适的工作电压，保证 VSC 输出最大的有功功率和无功功率。双端 VSC-HVDC 系统通过直流输电线（电缆）连接，一端运行于整流状态，称之为送端站；另一端运行于逆变状态，称之为受端站。两站协调运行能够实现两端交流系统间有功功率的交换。

两端 VSC-HVDC 输电系统可以看作两个独立的基于 VSC 技术的 STATCOM 通过直流线路连接合成的系统。对于交流系统而言，交流系统只向 VSC-HVDC 换流站（STATCOM）提供连接节点，即换流站与交流系统是并联的。由以上 VSC-HVDC 拓扑结构特点分析可知，VSC-HVDC 具有 STATCOM 动态无功补偿的功能。除此之外，由于两个 VSC 的直流侧互联，它们之间具备功率交换的能力，可以在互联系统间进行有功功率的传输。

VSC-HVDC 与 HVDC 比较具有下列显著的技术优势：

（1）VSC-HVDC 换流站可以工作在无源换流的方式，不需要外加的换相电压，从而克服了 HVDC 必须连接于有源网络的根本缺陷，使利用 VSC-HVDC 为远距离的孤立负荷（如海上石油平台、海岛）送电成为可能。

（2）VSC-HVDC 在进行精确有功功率控制的同时，还可以对无功功率进行控制，较 HVDC 的控制更加灵活。

（3）VSC-HVDC 不仅不需要交流系统提供无功功率，而且能够起到 STATCOM 的作用，稳定交流母线电压。若换流站容量允许，当交流电网发生故障时，既可以向故障区域提供紧急有功功率支援，又可以提供紧急无功功率支援，提高交流系统的功角稳定性和电压稳定性。

（4）VSC-HVDC 潮流翻转时，其直流电压极性不变，直流电流方向反转，与 HVDC 恰好相反。这个特点有利于构成多端直流输电网络。

（5）VSC-HVDC 采用 VSC 和 PWM 技术，省去了换流变压器。在交流母线上安装一组高通滤波器即可满足滤波需求，在同等容量下的占地面积显著小于 HVDC 换流站，使直流输电在较短距离上也可以和交流输电竞争。今后还可用于城市配电系统增容，并用于接入燃料电池、光伏发电等分布式电源。

由于独特的技术优势，VSC-HVDC 可在孤岛供电、风电场等新能源并网、电能质量控制、城市负荷中心供电、弱电网互联、钻井平台变频调速等方面获得广泛应用。

三、其他输电技术

（一）超导输电技术

高温超导电缆是超导输电技术领域中技术进步较快、有望在不久的将来获得广泛工程应用的输电技术。高温超导电缆由电缆芯、低温容器、终端和冷却系统四个部分组成，其中电缆芯是高温超导电缆的核心部分，包括通电导体、电绝缘和屏幕导体等主要部件。

高温超导电缆是采用无阻的、能传输高电流密度的超导材料作为导电体并能传输大电流的一种电力设施，具有体积小、重量轻、损耗低和传输容量大的优点，可以实现低损耗、高效率、大容量输电。高温超导电缆的传输损耗仅为传输功率的 0.5%，比常规电缆 5%~8%的损耗要低得多。在重量、尺寸相同的情况下，与常规电力电缆相比，高温超导电缆的传输容量可提高 3~5 倍、损耗下降 60%，可以明显地节约占地面积和空间，节省宝贵的土地资源。用高温超导电缆改装现有地下电缆系统，不但能将传输容量提高 3 倍以上，而且能将总费用降低 20%。利用高温超导电缆还可以改变传统输电方式，采用低电压、大电流传输电能。因此，高温超导电缆可以大大降低电力系统的损耗，具有可观的经济效益。

高温超导电缆首先应用于短距离、大电流的输电场合。随着科学技术的进步，未来将应用于大容量远距离输电，替换海底电缆，实现离岸风电场接入等。

（二）多端直流输电技术

多端直流输电（MTDC）系统由 3 个或 3 个以上换流站及连接换流站之间的高压直流输电线路组成，与交流系统有 3 个或 3 个以上的连接端口。多端直流输电系统可以解决多电源供电或多落点受电的输电问题，还可以联系多个交流系统或者将交流系统分成多个孤立运行的电网。

根据接线方式的不同，MTDC 主要可分为串联式多端直流输电系统、并联式多端直流输电系统和混合式多端直流系统。

（1）串联式多端直流系统。在串联接线的多端直流输电系统中，流经各换流站的直流电流是相同的，且直流电流由一个换流站控制，其余各站通过改变本换流站的直流电压来控制各自的功率，因此，要求各换流站的换流变压器抽头调节电压范围大，换流器控制角的运行范围大，导致换流器功率因数低、阀阻尼回路损耗大。需要潮流反转时，可直接通过改变 a 角来改变潮流方向。如果某个换流站出现故障，可通过先将其投旁通对，再将其隔离，系统其他部分可继续运行；如果是直流线路故障，则须将整个系统停运。

（2）并联式多端直流系统。并联接线方式可分为两种典型接线方式，一种是树枝型，另一种是环网型。并联接线的多端直流系统各换流站直流电压相同，要通过控制各站的直流电流来达到分配功率的目的，因此可调节范围较大；其调节比较简单，因此系统效率较高，经济性较好。并联方式的系统扩展灵活、绝缘配合问题比较简单；但各换流站必须改变流入该换流站的直流电流方向，即进行换流器的倒闸操作才能进行潮流反转。对于并联环网型接线，直流线路故障可利用其他线路过负荷能力，使各换流站继续运行，具有较好的运行灵活性。

（3）混合式多端直流系统。混合式多端直流系统是既有串联又有并联的多端直流接线方式，对于重要性较低、带基本负荷的部分可使用串联方式，较重要的换流站可采用并联方式。这样在线路故障运行时，可以将采用串联接线方式的部分断开，从而保护部分系统继续运行。

多端直流输电和电容换相高压直流输电等新型输电技术的研究已经取得重大突破，已经达到工程化应用水平。

尽管目前世界上已有多个多端直流输电工程，但在实际运行中最多只采用了三端运行，并没有实现真正意义上的多端运行。一方面是因为控制的复杂性随着换流站的连入个数呈指数性增大；另一方面在于多端运行对于控制命令所需的通信系统的可靠性要求很高，任何一条命令的延迟都有可能造成整个系统的崩溃。

基于换流设备的控制保护技术及高压直流断路器方面的问题也是研究难点。多端直流输电的控制保护技术在原有直流输电的基础上，增加了多个换流站的协调控制，主控制站和从属站之间的地位互换，会在部分线路上造成潮流反转等问题。多个换流站的协调必定会提高对通信系统的要求，通信系统或者高层控制系统出现故障，会出现控制保护指令无法传达到各个换流站的问题，此时如何保证多端直流系统继续安全运行、防止整个多端直流系统瓦解、保证换流设备稳定转换运行工况等都值得深入研究。

为了使多端直流系统中的某个换流站或直流线路故障不致引起整个多端直流系统停电，需要开发出可靠性更高、运行维护更容易的实用化控制系统及保护系统。

多端直流输电技术适用于多送单受（风电场）和单送多受（多个负荷中心）。以前风力发电的研究多局限于单极及换流器系统，而随着风电场规模的不断扩大，往往需要数百台风电机组互联，这就迫切需要多端直流输电技术。利用多端直流输电技术，发电侧的各个换流器可独立控制相应的风力发电机组，获得最大的风能，提高风电场的风能利用率。各个换流器与直流母线相连，经过 1 个或数个逆变器向电网输送能量。这种并网方式优点在于：可以简化大型风电场结构，减少线路走廊施工环节，易于扩充新机组，减小风力的不确定性的影响等。

基于 VSC 的多端直流输电技术比传统的多端直流输电技术的应用前景更广阔，而且基于风电场电能传输的 VSC 多端直流输电技术可提高风能的利用率，因此基于 VSC 的控制保护技术是研究多端直流输电技术的方向之一。

目前，在西北兴建的大型光伏电站及在东南沿海地区计划建设的大型风电场，这些大规模新能源都可以应用多端直流输电技术。在控制多种电源入网的智能输电网建设中，多端直流输电技术将具有广阔的发展前景。

（三）三极直流输电技术

三极直流输电（HVDC）是指由三个直流极输电的新型直流输电技术，可以将已有的三相交流输电线路采用换流器组合拓扑改造而成，从而大大提高线路输电容量，有效利用宝贵的输电走廊。与传统的两极直流输电系统相比，三极直流输电系统成本低、可靠性高，过负荷能力强，融冰性能好。

将交流线路转化为直流输电系统通常的做法是采用两极结构，另外一相交流线路作为接地线或故障备用线。在这种条件下，交流线路输送固有的输电能力只有 2/3 得到了充分应用。

如果采用大地作为回路，那么交流系统的第三条将可以被改造为一个单极直流输电系统，这样输电能力就可以在双极能力的基础上提高到1.5倍。如果单极系统为电压和电流可翻转形式，就可以将两极系统调制为三极系统，从而实现无大地回流的三极直流输电系统。调制极交替返回第一极和第二极中的部分电流。

国外学者提出了三极直流输电技术的基本概念，并分析了其技术优越性，德国开展了相关的试验研究。我国三极直流输电技术的研究处于起步阶段，还缺少试验研究和运行经验。

第二节　智能变电站

一、概念与特征

变电站是电力网络的节点，它连接线路，输送电能，担负着变换电压等级、汇集电流、分配电能、控制电能流向、调整电压等功能。变电站的智能化运行是实现智能电网的基础环节之一。

智能变电站采用先进、可靠、集成、环保的智能设备，以全站信息数字化、通信平台网络化、信息共享标准化为基本要求，不仅能自动完成信息采集、测量、控制、保护、计量和监测等常规功能，还能在线监测站内设备的运行状态，智能评估设备的检修周期，从而完成设备资产的全寿命周期管理；同时，具备支持电网实时自动控制、智能调节、在线分析决策、协同互动等高级应用功能。

智能变电站能够完成比常规变电站范围更宽、层次更深、结构更复杂的信息采集和信息处理，变电站内、站与调度、站与站之间、站与大用户和分布式能源的互动能力更强，信息的交换和融合更方便快捷，控制手段更灵活可靠。与常规变电站相比，智能变电站设备具有信息数字化、功能集成化、结构紧凑化、状态可视化等主要技术特征，符合易扩展、易升级、易改造、易维护的工业化应用要求。

二、体系结构

1. 站控层。站控层包含自动化站级监视控制系统、站域控制、通信系统、对时系统等子系统，实现面向全站设备的监视、控制、告警及信息交互功能，完成数据采集和监视控制（SCADA）、操作闭锁及同步相量采集、电能量采集、保护信息管理等相关功能。

站控层功能高度集成，可在计算机或嵌入式装置中实现，也可分布在多台计算机或嵌入式装置中实现。

2. 间隔层。间隔层设备一般指继电保护装置、系统测控装置、监测功能组的主智能电子装置（IED）等二次设备，实现使用一个间隔的数据并且作用于该间隔一次设备的功能，即与各种远方输入/输出、传感器和控制器通信。

3. 过程层。过程层包括变压器、断路器、隔离开关、电流/电压互感器等一次设备及其所属的智能组件及独立的智能电子装置。

三、智能高压设备

智能高压设备体现了智能变电站的重要特征，是智能变电站的重要组成部分，须满足高可靠性和尽可能免维护的要求。

（一）智能组件

智能组件是若干智能电子装置的集合，安装于宿主设备旁，承担与宿主设备相关的测量、控制和监测等功能。满足相关标准要求时，智能组件还可集成相关继电保护功能。智能组件内部及对外均支持网络通信。

智能组件集成与宿主设备相关的测量、监测和控制等基本功能，由若干智能电子装置实现。同一间隔电子式互感器的合并单元、传统互感器的数字化测量与合并单元及相关继电保护装置可作为智能组件的扩展功能。

智能组件是一个灵活的概念，可以由一个组件完成所有功能，也可以分散独立完成，可以外置于主设备本体之外，也可以内嵌于主设备本体之内。

智能组件的通信包括过程层网络通信和站控层网络通信，均遵循 DL/T 860 通信协议。智能组件内所有 IED 都应接入过程层网络。同时，需要与站控层网络有信息交互需要的 IED，还要接入站控层网络，如监测功能组的主 IED、继电保护装置 IED（如集成）等。根据实际情况，组件内可以有不同的交换机配置方案，通过采用优先级设置、流量控制、虚拟局域网划分等技术优化过程层网络通信，可靠、经济地满足智能组件过程层及站控层的网络通信要求。

（二）智能高压设备

智能高压设备是一次设备和智能组件的有机结合体，具有测量数字化、控制网络化、状态可视化、功能一体化和信息互动化等特征。智能控制和状态可观测是高压设备智能化的基本要求，其中运行状态的测量和健康状态的监测是基础。

1. 构成

智能高压设备由三个部分构成：①高压设备；②传感器或控制器，内置或外置于高压设备本体；③智能组件，通过传感器或控制器，与高压设备形成有机整体，实现与宿主设备相关的测量、控制、计量、监测、保护等全部或部分功能。

2. 技术特征

（1）测量数字化。对高压设备本体或部件进行智能控制所需设备参量进行就地数字化测量，测量结果可根据需要发送至站控层网络或过程层网络。设备参量包括变压器油温、有载分接开关的分接位置，开关设备分、合闸位置等。

（2）控制网络化。对有控制需求的设备或设备部件实现基于网络的控制。如变压器冷却器、有载分接开关，开关设备的分、合闸操作等。

（3）状态可视化。基于自监测信息和经由信息互动获得的设备其他信息，通过智能组件的自诊断，以智能电网其他相关系统可辨识的方式表述自诊断结果，使设备状态在电网中是可观测的。

（4）功能一体化。功能一体化包括以下三方面：①在满足相关标准要求的情况下，将传感器或控制器与高压设备本体或部件进行一体化设计，以达到特定的监测或控制目的。②在满足相关标准要求的情况下，将互感器与变压器、断路器等高压设备进行一体化设计，以减少变电站占地。③在满足相关标准要求的情况下，在智能组件中，将相关测量、控制、计量、监测、保护进行一体化融合设计。

（5）信息互动化。信息互动化包括以下两方面：①与调度系统交互。智能设备将其自诊断结果报送（包括主动和应约）到调度系统，使其成为调度决策和制订设备事故预案的基础信息之一。②与设备运行管理系统互动。包括智能组件自主从设备运行管理系统获取宿主设备其他状态信息，以及将自诊断结果报送到设备运行管理系统两方面。

3. 状态监测与状态检修

智能高压设备通过先进的状态监测、评价和寿命预测来判断一次设备的运行状态，并且在一次设备运行状态异常时进行状态分析，对异常的部位、严重程度和发展趋势做出判断，可识别故障的早期征兆。根据分析诊断结果在设备性能下降到一定程度或故障将要发生之前进行维修，从而降低运行管理成本，提高电网运行可靠性。

4. 设备内部结构可视化技术

设备内部结构可视化技术主要是采用新型可视化技术及手段（可移动探头、X 射线等），提高电气设备内部结构可视化程度，满足智能电网运行需要，同时针对不同电压等级、不同内部结构的电气设备，开发适用于不同类型设备的可视化检测仪，总结天气、运行条件等影响因素对可视化清晰度的影响规律，提出相应的现场检测方法，并使检测方法及诊断与评估标准化、规范化。

（三）智能断路器和组合高压电器

智能断路器的重要功能之一是实现重合闸的智能操作，即能够根据监测系统的信息判断故障是永久性的还是瞬时性的，进而确定断路器是否重合，以提高重合闸的成功率，减少对断路器的短路合闸冲击及对电网的冲击。

智能断路器的另一个重要功能就是分、合闸相角控制，实现断路器选相合闸和同步分断。选相合闸指控制断路器不同相别的弧触头在各自零电压或特定电压相位时刻合闸，避免系统的不稳定，克服容性负荷的合闸涌流和过电压。断路器同步分断指控制断路器不同相别的弧触头在各自相电流为零时实现分断，从根本上解决过电压问题，并大幅度提高断路器的开断能力。断路器选相合闸和同步分断首先要求实现分相操作，对于同步分断还应满足以下三个条件：①有足够高的初始分闸速度，动触头在1~2ms内达到能可靠灭弧的开距；②触头分离时刻应在过零前某个时刻，对应原断路器首开相最小燃弧时间；③过零点检测及时可靠。

对于敞开式开关设备，一个智能组件隶属于一个断路器间隔，包括断路器及与其相关的隔离开关、接地开关、快速接地开关等。对于高压组合电器设备，还可包括相关的电流和电压互感器。断路器和高压组合电器的智能化主要包括测量、控制、计量、状态监测和保护。

断路器和组合高压电器的状态监测主要包括局部放电监测、操动机构特性监测和储能电机工作状态等。

（四）智能变压器

智能变压器的构成包括：变压器本体，内置或外置于变压器本体的传感器和控制器，实现对变压器进行测量、控制、计量、监测和保护的智能组件。

变压器的冷却器控制器和有载分接开关控制器具有可连接智能组件的接口，并可以响应智能组件的控制。

变压器的状态监测主要包括局部放电监测、油中溶解气体监测、绕组光纤测温、侵入波监测、变压器振动波谱和噪声等。

（五）电子式互感器

电子式互感器是实现变电站运行实时信息数字化的主要设备之一，在电网动态观测、提高继电保护可靠性等方面具有重要作用。准确的电流、电压动态测量，为提高电力系统运行控制的整体水平奠定测量基础。

电子式互感器利用电磁感应等原理感应被测信号，对于电子式电流互感器，采用罗氏线圈；对于电子式电压互感器，则采用电阻、电容或电感分压等方式。罗氏线圈为缠绕在环状非铁磁性骨架上的空心线圈，不会出现磁饱和及磁滞等问题。电子式互感器的高压平台传感头部分具有须用电源供电的电子电路，在一次平台上完成模拟量的数值采样，采用光纤传输将数字信号传送到二次的保护、测控和计量系统。电子式互感器的关键技术包括电源供电技术、远端电子模块的可靠性和采集单元的可维护性等。

光学电子式电流互感器采用法拉第磁光效应感应被测信号，传感头部分又分为块状玻璃和全光纤两种方式。目前的光学电子式电压互感器大多利用 Pockels 电光效应感应被测信号。光学电子式互感器传感头部分不需要复杂的供电装置，整个系统的线性度比较好。光学电子式互感器的关键技术包括光学传感材料的稳定性、传感头的组装技术、微弱信号调制解调、温度对精度的影响、振动对精度的影响、长期运行的稳定性等。

与传统电磁感应式电流互感器相比，电子式互感器具有以下优点：①高、低压完全隔离，具有优良的绝缘性能；②不含铁芯，消除了磁饱和及铁磁谐振等问题；③动态范围大，频率范围宽，测量精度高；④抗电磁干扰性能好，低压侧无开路和短路危险；⑤互感器无油可以避免火灾和爆炸等危险，体积小，重量轻；⑥经济性好，电压等级越高效益越明显。

四、保护与控制技术

智能电网的建设为继电保护及测控装置的发展提供了广阔的前景，保护测控装置的信息获取更为全面，控制手段更为灵活，为保护测控装置新功能的开发和实践提供了可能。电子式互感器具有传统互感器难以比拟的优点，其应用将对继电保护系统产生重要而深远的影响。

（一）自适应继电保护技术

电力系统是一个参量状态处在不断变化中的动态系统。随着电网规模的日益扩大，网络结构日趋复杂，特别是新能源发电的大规模并网，传统继电保护“事先整定、实时动作、定期检验”的模式越来越难以满足要求，而自适应保护的出现为解决这些问题提供了途径。

自适应保护实时整定保护的定值、特性和动作性能，使其能更好地适应系统的变化，实现保护的最佳性能。自适应保护可以采用基于就地信息、周边信息及广域信息等自适应算法。

目前，继电保护的自适应主要表现在以下几方面：①自动在线计算与保护性能有关的系统参数。例如，实时计算带自动调压功能的变压器变比，调整变压器保护中的平衡系数；利用故障数据计算系统阻抗、零序互感等参数；考虑故障时接地电阻的影响，自适应计算接地距离保护的视在阻抗、改善距离保护对高阻接地故障的灵敏度，自动判断新能源发电系统的当前工作状态等。②自动在线计算整定值和相关参数。保护需要根据系统运行方式、运行参数的变化、定值的变化，调整与保护特性有关的门槛值及各种系数；考虑助增系数的变化，自适应调整保护的范围，以适应多端线路的保护及调整保护的整定值；对第二套纵联保护要求自适应改变断路器失灵保护的整定时间，以消除后备开关的不必要跳闸；自动根据新能源发电系统的当前工作状态，实时调整保护特性或保护定值等。③实时判断系统运行状态，自适应调整保护动作方式。自适应地检测对端断路器的开断，以便实现保护的纵续跳闸；自适应的重合逻辑使不成功的重合闸减到最少；对故障或干扰后可能出现的系统稳定破坏等二次事故进行监视和预测，协调安全稳定控制装置的动作措施自适应于相应的可能事故，以提高机组维持工作、易于恢复负荷的可能性。

自适应保护的技术特点包括：①保护性能最优化。自动识别系统运行状态和故障状态的能力，并针对状态的改变，实时自动地调整保护性能，其中包括动作原理和保护算法，从而使其达到最佳保护效果。②自适应计算实时化。对电力系统中已经配置好的各种保护控制设备，按照电力系统的有关参数和运行要求，通过计算分析判断是否给以相应的保护控制策略，以使全系统中的保护装置正确协调地工作，有效地发挥其作用。③使用简便化。可以简化现场运行的定值、保护接线、保护调试维护、就地保护操作，促使保护设备进一步智能化。

（二）暂态保护技术

现有的保护装置由于受传统互感器性能的限制，基本采用基于工频量信息进行保护判断。随着电力系统规模的日益扩大，要求继电保护切除故障的时间越来越短，而利用故障暂态信息进行判断则可以大大提高动作速度。

在输电线路发生故障时，将产生频带很宽的暂态电流和电压行波。一方面，暂态电流行波由故障点向线路两侧传播，在遇到变电站母线等波阻抗不连续处，将产生行波的折射和反射。其中折射行波经由母线进入其他线路，反射行波则经由母线反射回故障点，并在故障点和母线之间来回反射。另一方面，由于存在母线对地电容，因此，暂态电流行波经由母线进入其他线路时，将受到一定的衰减。由于母线的对地杂散电容和结合电容对于暂态电流低频成分呈现出高阻抗，而对于暂态电流高频成分则呈现出低阻抗，因此暂态电流频率越高的成分受到的衰减越大。故障暂态保护就是利用故障暂态电流不同频率成分的衰减差别来区别区内、区外故障的。

故障时高频信号含有丰富的故障信息。高频分量的产生与线路参数、故障情况等有关，而与系统运行状况、过渡电阻等无关，因此基于暂态量的保护不受系统振荡、过渡电阻等的影响，而高频分量的检测和识别较工频分量更快速，因而基于暂态量的保护具有快速的特点。

充分提取故障时的高频暂态量信息，可以获得更多的故障信息，实现保护功能之外的故障测距、选相、自动重合闸等功能。传统电磁式互感器频响范围较窄，不能完整地再现一次电流波形，而电子式互感器测量的频响范围宽，能够较好地传递高频信号，真实地再现一次电流波形，为暂态保护提供可靠的数据。当区外故障时，故障产生的暂态电流经过母线时，由于母线对地杂散电容和结合电容器的影响，对低频电流成分呈现出高阻抗，而对于高频电流成分则呈现出低阻抗，因此在保护安装处测量到的暂态电流高频与低频成分的衰减差别很大；当区内故障时，高频与低频成分的衰减差异较少，从而可利用此特征区别区内、区外故障。

暂态保护技术的实施关键是暂态特征的提取和暂态保护机理的建立，行波保护运行效果还不是很理想，其原因是暂态特征提取困难，以及故障信息处理的手段落后。

暂态特征的提取对互感器的线性度、动态特性等都有较高的要求。电子式互感器能满足高速暂态保护的要求，为暂态保护的应用提供了契机。

（三）自协调区域继电保护控制技术

自协调区域继电保护控制技术以区域内信息的共享为基础，以区域内保护控制设备协同工作机制为手段，同时借助区域内保护控制设备的智能整定和在线校核技术，来提高区域内保护控制设备相互配合的性能，减少保护级差，达到切除故障，确保电网稳定运行的目的。

区域继电保护系统各保护单元协同工作机制主要表现在以下几方面：①电网的拓扑结构发生变化时，区域内各保护的整定值需要适应这种变化以保持合理的相互配合关系。②电网中出现大的扰动期间，区域内各保护须要协调配合使电网不会发生稳定事故，提高电网运行稳定性。③电网中负荷是随机波动的，区域内各保护需相互配合以适应这种波动，使得既能最大限度地保证重要用户的供电可靠性，又能提高整个电网的经济效益。④故障诊断自适应是指自适应电网保护处理电网中单个（或几个）保护继电器或控制装置故障的能力，即整个系统的容错能力。⑤不同原理与性能保护的自适应是指自适应电网保护能充分利用系统中各保护继电器原理与性能的不同来提高整个保护系统的动作可靠性和快速性，如发生接地故障时，让有关反映接地故障的保护动作而闭锁其他保护，以提高动作可靠性。⑥区域内保护和控制装置的协调是指在一定区域内对保护和控制装置的动作进行协调，如区分线路过载与故障，及时采取相应的处理措施。

（四）继电保护的智能整定和在线校核

智能电网的建设，使实时获取大量的电网同一断面的信息成为可能，为继电保护的在线整定提供了可能。同一断面信息的获得为电网的等值计算、建立简化模型创造了条件，从而大大提高整定计算的速度，使继电保护的在线整定成为可能。智能整定软件位于控制中心，以数据图形平台为基础，网络拓扑、系统建模、故障分析、整定计算、定值校正、在线校核、系统管理等功能模块间可实现无缝结合，一体化地实现定值的计算和管理工作。

继电保护在线整定的第一步是实现实时的网络拓扑。实时采集区域内与网络接线方式变化有关的模拟量信息和开关量信息，在线进行全网络的连通性判断，同时得出支路子系统、电源子系统、负荷子系统的关联关系。

继电保护在线整定的第二步是实现实时的系统建模。对区域内外的电源子系统、负荷子系统、支路子系统建立计算模型。综合系统结构及参数和电网运行的实时状态，建立简化的符合整定计算要求的模型。

在实时网络拓扑和系统建模的基础上，进行故障分析计算，如计算各种简单、多重复杂故障，以及各类等值计算（包括母线等值计算、区域等值计算、电网化归计算、线路两端等值计算、短路容量计算、分支系数计算、支路电流极值计算等）。根据计算结果和整定的规则库，经过校正后，计算区域内的保护定值。

在线校核是获取电力系统实时数据，对当前系统中各种继电保护的性能进行在线校验的过程。根据电力系统的实时数据（系统拓扑结构、系统运行方式、保护配置定值等），实时判别系统所有保护的性能，包括保护的保护范围和选择性，对存在误动、拒动隐患的所有保护给出报警信息，向调度人员提供保护的实时状态，为其制定正确的系统电网调度策略和系统运行方式提供在线技术支持，同时根据调控要求选择是否切换保护设备的实时运行定值。区域保护在线校核系统借助区域通信网络，采集、获取电网的实时运行信息，在线计算、校核保护装置的定值。在条件允许时，可实现在线修改保护定值、选择保护装置的投退，以适应运行方式的要求，保证保护装置在各种运行方式下的选择性、可靠性和灵敏度。保护灵敏度主要校核在当前系统方式下保护所在的元件内部故障时，保护是否能够可靠动作。保护的选择性主要校核在当前系统方式下保护所在的线路外部发生故障时，保护是否能够可靠不动作。由于保护延时段的保护范围通常超越了保护所在线路，与其相邻保护各段动作区域存在重叠部分，因此进行保护选择性校核时，需要校验保护延时段与相邻保护各段是否满足选择性。

（五）自适应重合闸

传统的自动重合闸装置对故障性质不做区分而是设置一定的时延进行重合，若故障仍然存在则重合不成功，会对系统造成二次冲击，不利于系统的安全运行。

自适应重合闸是一种增加重合闸选择性的智能技术，主要方法有：

（1）利用电弧的一些特性识别永久性与瞬时性故障，如利用空气中长电弧特性识别瞬时性故障与永久性故障的数学信号处理算法。由于电弧是十分复杂的物理化学过程，涉及物质的组成和物性变化及许多复杂的时变过程，其中许多因素又是高度非线性的，因此要建立准确的电弧模型很难，加上不同类型电弧特性的差异，这种方法的普遍适用性受到限制。

（2）基于人工神经网络技术识别永久性故障和瞬时性故障的方法。这种方法能可靠识别瞬时性和永久性故障，但网络结构及其权值需要离线用学习样本进行训练，需要精确模拟大量的故障类型以得到不同的故障模型，需要存储大量的数据，方法比较复杂。

（3）利用故障暂态产生的高频信号来判别瞬时性与永久性故障，可以解决各种复杂情况下的选相问题，同时能比较准确地判断瞬时性与永久性故障，从而为形成重合闸提供判据。

电子式互感器的应用为暂态高频能量的提取提供了条件。基于暂态高频能量的自适应重合闸判据主要依据瞬时性故障是电弧性故障，其一次电弧和二次电弧中包含高频分量；而永久性故障为非电弧性故障，只有一次电弧包含有大量的高频信号，在断路器跳闸后，故障相的电压、电流为零，不再含有可用的故障信息。这种自适应重合闸装置主要包含一个故障性质鉴别单元和一个最佳重合闸时间单元。在发生故障后，通过选相元件选出故障相后，提取故障相电压中的故障高频暂态电压信号，计算高频能量，确定故障性质。对于瞬时性故障，在最佳重合单元检测故障信息，确定最佳重合闸时间，在故障消失后发重合闸命令；对于永久性故障则不发重合闸命令。

第三节 智能电网调度技术

一、面向服务体系架构技术

（一）面向服务

1. 面向服务体系架构

基于组件和面向服务体系架构（SOA）已经成为企业软件的发展趋势。SOA 是一种应用框架，它将业务应用划分为单独的业务功能和流程（服务），使用户可以构建、部署和整合这些服务，且无须依赖应用程序及其运行平台，从而提高业务流程的灵活性。

服务是整个 SOA 实现的核心，是 SOA 的基本元素。SOA 指定一组实体（服务提供者、服务消费者、服务注册表、服务条款、服务代理和服务契约），这些实体详细说明了如何提供和消费服务。这些服务具有可互操作、独立、模块化、位置明确、松散耦合等特点，并且可以通过网络查找其地址。

2. 面向服务要素

SOA 中，服务一般有三种角色，分别是服务注册中心、服务提供者、服务请求者。

（1）服务注册中心用来为服务提供者注册服务、提供对服务的分类和查找功能，以便服务消费者发现服务。对于请求/应答类的消息，设立服务管理中心。该中心可以分布在一个节点或多个节点。服务中心负责存放该系统内的各类服务。服务中心为服务请求者提供服务的查询功能，为服务提供者提供服务注册功能。对于基本服务类的服务，每个系统均缺省配置、注册。

（2）服务提供者负责服务功能的具体实现，并通过注册服务操作将其所提供的服务发布到服务注册中心，当接收到服务消费者的服务请求时，执行所请求的服务。服务提供者指能提供具体服务的进程。该进程可以直接对外提供服务，也可以通过本地服务代理提供服务。对于通过服务代理提供的服务，一般用于封装遗留系统的服务；对于新开发的应用服务，可采用直接提供服务的方式，接入服务总线上。

（3）服务请求者则是服务执行的发起者，首先需要到服务注册中心查找符合条件的服务，然后根据服务描述信息进行服务绑定/调用，以获得需要的功能。

3. 面向服务特征

（1）服务间的互操作性

通过服务之间既定的通信协议进行互操作，主要有同步和异步两种通信机制。SOA 提供服务的互操作特性更利于其在多个场合被重用。SOA 可以使用任何平台上的功能，而与编程的语言、操作系统和计算机类型等无关，可以确保各种基于 SOA 解决方案之间的集成和互操作性。

（2）服务的松散耦合

服务请求者不知道提供者实现的技术细节，比如程序设计语言、部署平台等。服务请求者往往通过消息调用操作，请求消息和响应，而不是通过使用 API 和文件格式。

服务提供者使用标准定义语言定义和公布它的服务接口，接口定义服务消费者和服务提供者之间的调用契约。只要服务接口保持一致，改动调整应用程序的内部功能或结构对其他部分没有影响。

（3）服务的位置透明

SOA 通过“发布/检索”机制实现位置透明性，即服务请求者无须知道服务提供者的实际位置。服务是针对业务需求设计的。实现业务与服务分离，就必须使服务的设计和部署对用户来说是完全透明的。

（4）服务的封装

将服务封装成用于业务流程的可重用组件的应用程序函数。它提供信息或简化业务数据从一种有效的、一致的状态向另一种状态的转变。封装隐藏了复杂性。服务的 API 保持不变，使用户远离具体实施上的变更。

（5）服务的重用

服务的可重用性设计显著降低了成本，为了实现可重用性，服务只工作在特定处理过程的上下文中，独立于底层实现和客户需求的变更。

（6）服务是自治的功能实体

服务是由组件组成的组合模块，是自包含和模块化的。SOA 强调提供服务的功能实体的完全独立自主的能力，强调实体自我管理和恢复的能力。

（二）服务总线

支撑 SOA 的关键是构建企业服务总线（Enterprise Service Bus，简称 ESB），用于实现企业应用不同消息和信息的准确、高效和安全传递。企业服务总线技术最大的特点在于，它是完全面向企业的解决方案，可以架构在企业现有的网络框架、软硬件系统之上，构筑一个企业级的信息系统解决方案。

企业服务总线采用了“总线”这一模式来管理和简化应用之间的集成拓扑结构，以广为接受的开放标准为基础来支持应用之间在消息、事件和服务级别上动态的互联互通。企业服务总线是一种在松散耦合的服务和应用之间的集成方式，是在SOA架构中实现服务间智能化集成与管理的中介，是SOA的具体实现方式之一，是SOA架构的支柱技术。它提供一种开放的、基于标准的消息机制，完成服务与服务、服务与其他组件之间的互操作。其功能包括通信及消息处理、服务交互及安全性控制、服务质量及级别管理等。

服务总线采用SOA架构，屏蔽实现数据交换所需的底层通信技术和应用处理的具体方法，从传输上支持应用请求信息和响应结果信息的传输。服务总线以接口函数的形式为应用提供服务的注册、发布、请求、订阅、确认、响应等信息交互机制，同时提供服务的描述方法、服务代理和服务管理的功能，以满足应用功能和数据在广域范围的使用和共享。

1. 应用服务总线

（1）服务原语

服务总线为各个应用提供封装和调用原语，完成服务的功能。这些原语分为服务管理原语和应用调用原语。服务管理原语主要完成服务的注册、发现和注销。应用调用原语主要完成应用服务接入总线，包括服务请求、服务应答、服务订阅、服务订阅响应、服务发布和服务分发等。

（2）服务描述语言

电力应用服务对服务的描述具有特殊性，服务总线对应用服务的描述应满足这些特殊要求。服务描述语言支持不同应用、不同厂家和不同电力企业之间高效便捷的服务描述、服务请求、服务响应要求。常用的服务包括基本服务、查询服务列表、文件类服务、商用数据库类服务、实时数据库类服务、数据模型服务、图形类服务、SCADA类服务、EMS应用服务、在线电网安全稳定服务、调度交易计划服务等。该描述语言支持中文和英文的服务描述。

（3）服务封装

服务封装指将具体某个应用功能通过系统提供的封装方法形成系统中可以被发现和使用的服务。

2. SOA管理服务

SOA管理服务指实现面向服务体系架构的基本服务，主要包括服务注册、服务查询、服务监控和代理等服务。所有管理服务均要求能实现多重化部署，实现自动切换和负荷均衡。

（1）注册服务：实现服务的发布注册服务（也称发布服务），各应用服务器向注册服务器注册所能提供的服务，即服务器位置、服务的描述（输入、输出参数等）、服务类型（订阅/发布、请求/应答类等）等。

（2）查询服务：提供给客户端查询已注册服务的有关信息，包括注册的服务参数[服务器位置、服务的描述（输入、输出参数等）、服务类型（订阅/发布、请求/应答类等）]，以及服务当前状态。

（3）监控服务：监视及管理应用服务工作状态，并对它们进行管理。实现管理服务监视、切换、重启、同步，监视应用服务并设置应用状态供查询服务、注销应用服务等。

（4）代理服务：用于实现对远程服务的访问，从服务范围上分为本地服务代理和远程服务代理。本地服务代理直接通过服务代理获取服务的具体位置，而后直接和服务建立连接，进行数据交换。对其他系统提供的服务必须通过远程服务代理进行。远程服务代理可查询和使用其代理的远程系统中的所有服务。

3. 业务服务

业务服务从功能上可分为基本服务类和应用服务类。基本服务类分为文件类服务、关系数据库类服务、实时数据库类服务等最基本服务；应用服务类包括画面类、曲线类、模型类、状态估计类、安全约束类等服务。基本服务类是应用服务类的基础服务。

二、智能电网调度技术支持系统体系结构

本部分以国家电网公司组织研发的智能电网调度技术支持系统为例，介绍智能电网调度技术支持系统的体系结构，以及支撑整个支持系统的基础平台的各项关键技术。

为了对调度核心业务的一体化提供全面技术支持，系统在设计和研发上体现如下的特点：①系统平台标准化。标准化、一体化基础平台是整个系统的基础，也是整个系统建设的重点和关键点。系统采用统一的平台规范标准及接口规范标准，通过标准化实现平台的高度开放性。基础平台在图形、模型、数据库、消息、服务、系统管理等方面提供标准化的应用接口，为各种应用提供统一的支撑，为系统功能的集成化打下坚实基础，为开发新应用、扩充功能和可持续发展创造条件。②系统功能集成化。统筹考虑电力调度中心各应用功能的数据及应用需求，以面向服务的体系结构，按照应用和数据集成的理念，构造统一支撑的数据平台和应用服务总线，实现数据整合和应用功能整合，构筑具有集成化功能的实时监控与预警、调度计划、安全校核和调度管理类应用，为实现调度智能化服务。③系统应用智能化。系统综合利用包括电网静态、动态和暂态等一次信息，二次系统运行信息和电网运行环境等信息资源，实现计划编制、方式安排、运行监视、自动控制、安全分析、稳定分析、风险预警、预防预控、辅助决策、分析评估等电网调度生产全过程

的精益化、智能化。实现电网运行可视化全景监视、综合智能告警与前瞻预警、协调控制和主动安全防御；将电网安全运行防线从年月方式分析向日前和在线分析推进，实现运行风险的预防预控。

（一）系统架构

系统采用国家电网、区域电网、省级电网等多级调度系统统一设计的思路。主调和备调采用完全相同的系统体系架构，实现相同的功能，主、备调一体化运行。横向上，系统通过统一的基础平台实现四类应用的一体化运行及与 SG186 的有效协调，实现主、备调间各应用功能的协调运行和系统维护与数据的同步；纵向上，通过基础平台实现上下级调度技术支持系统间的一体化运行和模型、数据、画面的源端维护与系统共享，通过调度数据网双平面实现厂站和调度中心之间、调度中心之间数据采集和交换的可靠运行。

在调度中心内部，智能电网调度技术支持系统的功能分为实时监控与预警、调度计划、安全校核和调度管理四类，这种分类方式突破了传统安全分区的约束，完全按照业务特性划分。

系统整体框架分为应用类、应用、功能、服务四个层次。应用类是由一组业务需求性质相似或者相近的应用构成，用于完成某一类的业务工作；应用是由一组互相紧密关联的功能模块组成，用于完成某一方面的业务工作；功能是由一个或者多个服务组成，用于完成一个特定业务需求，最小化的功能可以没有服务；服务是组成功能的最小颗粒的可被重用的程序。

（二）基础平台与四类应用的关系

智能电网调度技术支持系统的四类应用建立在统一的基础平台之上，平台为各类应用提供统一的模型、数据、CASE、网络通信、人机界面、系统管理等服务。应用之间的数据交换通过平台提供的数据服务进行，还通过平台调用提供分析计算服务。

（三）基础平台结构

基础平台是智能电网调度技术支持系统开发和运行的基础，负责为各类应用的开发、运行和管理提供通用的技术支撑，为整个系统的集成和高效可靠运行提供保障。其功能包括：①建立应用开发环境。提供多层次的软件接口，为应用开发提供数据交换机制、人机支撑、数据支持、公共服务模块和系统管理功能，支持业务订制和调整。②建立应用集成环境。具有良好的系统集成和业务集成能力，支持横向、纵向业务的集成和应用，基础信息的共享。③建立应用运行环境。建立能充分满足业务需求的运行环境和有效的安全防护体系，提供强大的软、硬件环境和丰富的数据资源，支持技术支持系统的一体化运行、维护和管理，实现系统和各类应用的安全稳定运行。④建立应用维护环境。建立有效的系统管理和安全管理机制，提供从系统到应用的多层次、多角度体系化的维护管理工具，实现系统资源、各类应用的运行监视和系统资源的调度与优化，完成各类应用的集成配置和维护。

基础平台包含硬件、操作系统、数据管理、信息传输与交换、公共服务和功能六个层次，采用面向服务的体系架构。

SOA 具有良好的开放性，能较好地满足系统集成和应用不断发展的需要；层次化的功能设计能有效地对硬件资源、数据及软件功能模块进行良好的组织，对应用开发和运行提供理想环境；针对系统和应用运行维护需求开发的公共应用支持和管理功能，能为应用的运行管理提供全面的支持。

（四）数据存储与管理

基础平台为应用提供各类数据的存储与管理功能，按照存储的形式可分为基于关系数据库的数据存储与管理、基于实时数据库的数据管理和基于文件的数据存储与管理。应用可根据需要选择合适的数据存储和管理形式。数据存储满足电网调度领域数据存储周期短、连续性强、数据量大和可靠性高的需求。①基于关系数据库的数据存储与管理是指使用通用的关系数据库产品，完成数据库的创建及数据的存储和访问，支持标准的 SQL 访问和编程接口访问。基于关系数据库的数据存储与管理主要用于数据保留时间长、数据访问实时性不高的场合，如电网调度模型数据和历史数据等。②基于实时数据库的数据管理支持实时数据的快速存储和访问，提供高速的本地访问接口、远方服务访问接口和友好的人机界面，具有数据定义、存储、验证、浏览、访问和复制等功能，支持数据关系描述和检索。③基于文件的数据存储和管理提供文件在系统内的存储和管理功能，支持基于组件和服务的文件传输，提供用户级管理工具。

（五）消息总线和服务总线

基础平台的信息交互采用消息总线和服务总线的双总线设计，提供面向应用的跨计算机信息交互机制。服务总线按照企业级服务总线设计，其 SOA 环境对应用开发提供广泛的信息交互支持；消息总线按照实时监控的特殊要求设计，具有高速实时的特点，主要用于对实时性要求高的应用。

1. 消息总线

基于事件的消息总线提供进程间（计算机间和内部）的信息传输支持，具有消息的注册/撤销、发送、接收、订阅、发布等功能，以接口函数的形式提供给各类应用；提供传输数据结构的自解释功能，支持基于UDP和TCP的两种实现方式，具有组播、广播和点到点传输形式，支持一对一、一对多的信息交换场合。针对电力调度的需求，支持快速传递遥测数据、开关变位、事故信号、控制指令等各类实时数据和事件；支持对多态（实时态、反演态、研究态、测试态）的数据传输。

2. 服务总线

服务总线采用SOA架构，屏蔽实现数据交换所需的底层通信技术和应用处理的具体方法，从传输上支持应用请求信息和响应结果信息的传输。服务总线以接口函数的形式为应用提供服务的注册、发布、请求、订阅、确认、响应等信息交互机制，同时提供服务的描述方法、服务代理和服务管理的功能，以满足应用功能和数据在广域范围的使用和共享。

3. 公共服务

公共服务是基础平台为应用开发和集成提供的一组通用服务，这些服务随着系统功能设计的深化需要不断增加。公共服务至少包括数据服务、图形服务、事件/告警服务、文件服务、权限服务、消息邮件服务和工作流服务等。

4. 平台功能

基础平台提供数据库管理、模型管理、人机界面、系统管理、权限管理、CASE管理、数据采集与交换、报表、并行计算管理等功能。

5. 安全防护

基础平台针对机密性、完整性、可用性和可证实性的要求，采用完备的安全技术，建立全面的安全管理体系。安全防护功能的内容包括：①采用专用隔离装置实行安全分区，并在分区的基础上建立起安全、透明的横向数据传输机制。②建立密钥、标签及证书管理系统。③开发安全的实时通信网关，实现端对端的安全通信。④实现基于证书的身份认证，并在此基础上实现基于角色的访问控制。⑤建立入侵检测、病毒防护等安全防护手段。⑥建立安全审计等安全管理系统。

三、节能发电调度技术

（一）安全约束机组组合和安全约束经济调度

节能发电调度技术是在满足安全约束条件下，集节能、环保、经济于一体的多目标优化调度，其核心技术是安全约束机组组合（SCUC）和安全约束经济调度（SCED）。节能发电调度隶属于电力系统经济调度范畴，随着电力系统的发展和社会需求的不断变化，国内外理论界和实践领域都在探索如何通过技术创新实现资源优化配置的目标。

20 世纪 80 年代末期，英国等一些国家陆续开始了电力市场化改革。电力市场的发展，特别是目前市场的需求推动了安全约束交易计划应用软件的发展。机组组合考虑复杂大电网的运行约束条件，基于不同的调度运行模式，综合考虑市场参与者的报价、机组的煤耗特性、机组环保特性等因素，编制兼顾安全、经济、节能、环保的机组组合计划。

我国对机组组合和经济调度的研究开始于 20 世纪 60 年代。20 世纪 80 年代，国内第一套微机版经济调度软件在京津唐电网投入运行，对安全经济地制订发电计划起到了积极的作用。节能发电调度的主要内容是优先安排可再生能源及高效、污染排放低的机组发电，限制能耗高、污染大、违反国家产业政策的机组发电，重点对火电机组进行优化调度，鼓励煤耗低、污染排放少、节水型机组发电；禁止已到关停期限和违反国家产业政策的机组进入电力市场交易。

（二）节能发电调度模型

节能发电调度本质上是电力系统机组组合和经济调度问题，从数学角度来说，机组组合是一个大规模、非线性、时变的、混合整数优化问题；从时间维度来说，节能发电调度可以应用到中长期发电计划、日前发电计划、日内发电计划和实时发电计划；从应用的角度来说，节能发电调度需要在省级、区域级、国家级三级联合协调应用。

SCUC 的优化目标包括总煤耗最小、发电成本最小、社会效益最大、污染物排放最小等多个目标函数；优化对象主要是火电、水电机组的启停、发电出力计划、调频和备用计划，在满足系统安全性约束的前提下，以全局最优的方式实现电力电量的平衡。也可以根据调度的实际需求灵活地考虑其他类型的机组。

SCUC 需要考虑的各种约束条件比较多，按类型划分为：①机组约束。包括发电机组出力限制约束、发电量约束、爬坡速率约束、机组最小启停时间约束、最大启停次数约束、机组启停出力曲线约束等。②系统约束。包括功率平衡约束、系统与分区的备用约束等。③网络约束。包括线路和变压器容量极限、断面的传输极限约束等。④其他约束。包括燃料约束、环保约束等。

SCED 是指在电网负荷预测及机组启停方式确定的基础上，以经济、节能或者公平为目标，综合考虑电网各类实际调度运行约束，形成最优有功功率计划。与 SCUC 相比，SCED 的实用化要求更强，需要考虑很多实际运行约束条件，如 SCED 应能够考虑网损对优化结果的影响，通过将网损、厂用电等因素加入优化目标中，形成综合考虑网损的最优发电计划，主要包括：①系统约束，如功率平衡约束、AGC 调节备用约束等。②机组约束，如水电机组振动区约束、机组最小调节量约束等。③网络约束，如 $N-1$ 条件下线路和变压器容量极限、断面的传输极限约束等。④其他约束，如机组发电出力曲线平稳性、机组合同电量约束、电厂发电量约束、电厂发电总出力约束等。

传统经济调度一般专注于满足电力系统的安全和经济性能，节能发电调度则包括安全、经济、节能减排、电能质量等多个目标。由于节能发电调度尚处在快速发展过程中，目前尚无关于节能发电调度所必须满足的各类指标的具体规定，可以根据各地实际情况灵活设定相关目标和约束条件。同时，由于各目标之间相互关联，在多目标彼此冲突时如何调节各目标的权重和顺序，需要有明确的解决方案。一般来说，在系统正常运行状态下主要考虑系统的经济性、节能环保性和电能质量的优化调度，而在故障或紧急状态下必须首先保证系统的安全性。

（三）包含新能源的节能发电调度

随着新型电源的逐步接入，智能电网需要为新型发电能源的接入和风光储互动提供调度技术支撑，保证电网安全稳定运行和可再生能源有效消纳。新型电源的有功和无功功率有其特有的特性，如核电的可调节能力差，风电和光伏发电具有随机性和间歇性。智能电网调度的安全分析和经济运行算法如何引入新能源发电模型，以及引入后新能源发电模型对电网分析计算的影响与新的安全应对策略，是智能电网必须解决的课题。

各种新型发电能源并网后，将对传统的电力系统优化调度技术理论提出新的挑战。节能发电调度需要全面、深入、系统地研究包含火电、水电、风电、核能、太阳能、生物质能等多种能源类型在内的电力系统联合优化发电调度技术，研究联合优化调度中各种新型发电方式的建模问题，研究新型能源接入后发电计划和安全校核算法，主要包括各种新型发电能源在联合优化调度目标中规范、灵活、高效的数学表示方法，各种新型发电能源在优化目标和约束条件中的建模和处理方法，各种新型发电能源在安全性、经济性、节能性、环保性等方面的建模和处理方法，新型发电能源的大规模安全约束机组组合、安全约束经济调度、安全校核的数学模型和高效算法。

（四）发展趋势

在智能电网发展目标下，节能发电调度需要的关键技术主要是大规模、多目标、多约束、多时段的安全约束机组组合和经济调度技术，节能环保优化调度的静态、动态和暂态多维度安全校核和大规模电网多时段快速安全校核技术。另外，还包括负荷需求预测和可再生能源发电能力预测及需求管理技术，年、月、日、日内和实时多周期协调优化技术，优化调度与电网运行控制协调优化技术，常规电源和可再生能源发电联合优化理论，多级调度协调优化技术及优化调度的评估分析技术等。

智能电网节能发电调度的目标是：建立先进完整的节能环保优化调度理论体系和决策支持体系；实现节能环保优化调度模型和算法的技术突破；大规模多时段快速安全校核算法技术突破；实现大规模互联电力系统节能环保优化调度和分层协调优化；促进可再生能源的开发应用；挖掘电网输送能力，实现大范围资源优化配置，保证大规模电力系统安全经济运行。

四、安全防御技术

智能电网能够提高电网输送能力和电网安全稳定水平，具有强大的资源优化配置能力和有效抵御各类严重故障及外力破坏的能力，确保电力的安全可靠供应。

（一）安全防御系统的功能

安全防御系统的功能包括：①电网正常运行状态下的优化调度及经济运行，通过提高输电容量降低电网运行成本，实现电网运行、维护、建设的节能增效。②电网警戒状态下对故障隐患及时发现、诊断和消除，避免事故发生，降低电网运行风险。③电网故障状态下，通过及时告警、提供辅助决策方案，避免系统偶发故障扩大，减小事故影响和损失；进一步通过故障隔离、清除，实施优化控制，平息事故，避免大停电事故的发生。④极端灾害情况下，通过全局优化整定的控制策略和分布式控制装置，实施有序的主动减载、切机、解列等措施，避免电网无序崩溃，保障重要负荷供电，减小停电范围，并为电网后续的恢复控制、黑启动提供条件和执行策略。

（二）安全防御关键技术

数据获取与整合环节的技术需求主要包括：数据采集、通信技术，实测实时数据采集、传输、存储及实时数据库技术，在线状态数据存储及在线数据库技术，离线模型、运行方式等数据及历史数据库技术。汇总采集的电网各类稳态、暂态、动态数据，以及相关电网 EMS 状态估计、离线典型方式数据等，形成综合的状态估计和数据整合技术，为满足实时信息发掘、在线动态预警、辅助决策、优化控制的在线计算速度和准确性的要求提供正确的数据源。

电网分析评估与优化决策环节是实现智能电网安全防御系统的关键部分，通过综合应用仿真计算、安全稳定分析、优化控制理论等，形成自适应诊断、预防、决策，实现电网安全的主动的智能防御功能。该环节技术需求主要包括考虑新能源发电大规模并网的实测数据信息挖掘技术、在线运行经济调度计算技术、在线安全稳定仿真计算技术、安全稳定风险量化评估技术和控制寻优技术等。

控制实施环节。电网控制执行可以分为基于决策指令和应对系统动态响应的两种控制方式。基于决策指令方式，比如基于故障驱动的控制，常指第二道防线的紧急控制；应对系统动态响应的控制，常指低频低压减载、高频切机、振荡解列等第三道防线的校正控制。两种控制执行方式有不尽相同的技术需求：前者注重故障辨识，特别是复杂相继故障辨识，实时运行工况匹配，控制执行量及不同控制站间协调等技术；后者需要考虑措施执行间的时延配合，实际动态过程的抗干扰等技术。另外，这两种不同控制方式执行中的优化协调也是应对复杂故障的重要技术。

（三）安全稳定防御技术的发展趋势

随着互联电网的发展及新能源的大规模接入，电网的规模日趋扩大，运行方式更加复杂，需要从电网运行和控制、网源协调等方面提高安全稳定防御能力。

电网安全防御技术的发展趋势是从定性分析到定量分析，从确定性或概率分析到风险分析，从离线预决策到在线预决策，从无自适应优化能力到自适应优化，从无协调的控制到协调控制，从单独故障的控制到相继故障的控制。

智能电网对可靠性提出了更高的要求。一方面，由于风电、光伏发电等新能源发电的大量接入，电网发生事故的不确定性增加，需要提高停电风险管理能力。另一方面，电力市场环境使发电容量充裕性的动态行为更加复杂。电力的物理系统与经济系统间的作用是动态的，两者是紧密联系、互相影响的。因此，建立经济系统稳定性与物理系统稳定性的综合防御也是电网安全防御技术的重要发展方向。

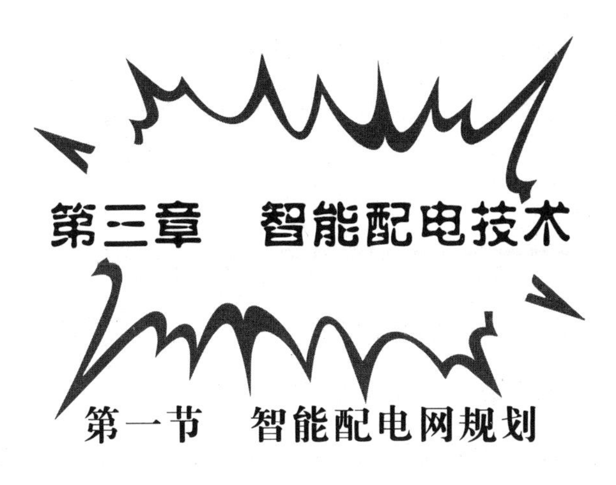

第三章　智能配电技术

第一节　智能配电网规划

一、智能配电网规划重点

（一）智能配电网规划的关键问题

智能配电网的新特征使其规划具有特殊性，配电网的负荷预测、分析评估与传统配电网相比有着更大的不确定性。目前，智能配电网规划主要面临着以下几个关键问题：

1. 基于供电可靠性的配电网规划

需要以系统供电可靠性目标为基础，参照目标对配电网进行可靠性评估，识别影响既定目标实现的系统薄弱环节并分析其产生原因，按照主次、轻重原则对薄弱环节进行排序，最后确定解决问题的最佳方案，使供电可靠性达到既定目标并实现投资成本最小化。

2. 含分布式电源的智能配电网优化规划

需要综合运用接入配电网的分布式电源渗透率预测方法、含分布式电源的配电网空间负荷预测方法、含分布式电源的配电网优化规划方法及分布式电源接入配电网分析评估指标与方法来实现优化规划，研发含分布式电源的配电网规划辅助设计软件。

（1）接入配电网的分布式能源渗透率预测与负荷预测。需要重点关注分布式能源接入配电网的最大允许渗透率、含分布式电源/储能、电动汽车充换电设施接入和需求侧响应实施的智能配电网空间负荷预测方法等关键要素。

（2）含分布式电源的配电网优化规划方法。针对分布式电源/储能、电动汽车充换电设施在配电系统中的布点问题，重点关注分布式能源容量与位置的优化规划方法；针对含分布式能源的配电网扩展问题，重点关注适应高渗透率分布式能源接入的配电网优化规划方法。

（3）分布式电源接入配电网分析评估指标体系与方法。在分析分布式能源接入配电网和需求侧响应实施的经济性及其在节能减排、削峰填谷、提高电能质量及可靠性、降低电能损耗等方面对配电网的影响后，重点关注智能配电网的综合评价指标体系与评估模型、方法。

（4）智能配电网规划辅助设计软件。针对上述关键技术问题，需要研发智能配电网规划辅助设计软件，实现不同类型分布式能源建模、智能配电网负荷预测、含分布式能源的配电网规划基本计算与分析、智能配电网的技术经济综合评估等功能。

3. 考虑大规模充放电设施接入的配电网规划

通过电动汽车规模预测，考虑电动汽车充换电设施对配电网产生的影响，依据电动汽车充换电站布局设置、电动汽车充电桩规划等，进行配电网空间负荷预测，建立优化模型，制订规划方案。

4. 智能配电网专项规划

智能配电网专项规划目前主要包括配电自动化规划、智能配用电通信规划、分布式电源与多元化负荷接入电网规划及相关综合示范工程，其中配电自动化规划研究配电自动化终端优化规划及配电网与自动化之间的协调规划，智能配用电通信研究配用电通信网规划及配电网与通信之间的协调规划，分布式电源与多元化负荷接入电网规划研究电网消纳能力及配套电网建设改造方案。

（二）智能配电网规划目标与原则

智能配电网规划的目标应与地区经济社会发展定位相匹配，各级电网协调发展，建立以信息化、自动化、互动化为特征的安全、可靠、优质、互动、和谐、友好的现代配电网。规划的智能配电网应具备强大的资源优化配置能力，良好的安全稳定运行水平，适应并促进清洁能源的发展，满足电动汽车等新型电力用户的电力服务要求，实现电网管理的信息化和精益化，实现电网用户与电网之间的便携互动，发挥电网基础设施的增值服务潜力。

智能配电网规划应遵循的主要原则如下。

1. 坚持统筹兼顾、协调发展

智能配电网规划必须以实体电网为基础，与地区发展规划、电网总体发展规划、配电自动化规划、通信规划等协调统一。坚持上级规划指导下级规划、以电网总体规划为指导，统筹配电与发电、输电、变电、用电和调度及通信信息各环节之间的关系，实现电网各环节之间的协调发展。

2. 坚持网架与智能高度融合

构建输配协调、强简有序、远近结合、标准统一的网络结构，能够抵御各类故障，满足用户可靠供电需求。坚持配电网智能化与配电网架发展相协调，提高调度、运行和控制能力，实现分布式电源和多元化负荷的即插即用，具备故障自动检测、隔离和恢复的自愈能力，供电可靠性和电能质量达到世界领先水平。

3. 坚持技术领先

采用集成、环保、低损耗的智能化设备，应用配电自动化和通信技术，提高信息交互能力，坚持以智能配电网的发展带动相关产业的发展，与经济、社会、环境相协调，以先进的规划理念引领配电网的发展。

4. 坚持经济高效

充分利用已有的电网发展成果，以需求为导向，适度超前，实现技术先进性和经济性的统一，避免产能过剩和重复建设。注重投入产出分析，注重企业效益与社会综合效益的统一，以电网基础设施的综合效益最大化为导向，实现资源优化配置和资产效率最优。

二、智能配电网规划方法

（一）多场景分析法

对未来出现的各种不确定性因素进行分析，得到一系列的可能取值，再将各种可能取值分别组合为一个个未来可能的环境（场景）。通过计算，找出一个具有最好适应性和灵活性的规划方案，则此方案即为综合最优方案。多场景规划大大降低了不确定性建模和求解的难度，其难点在于如何合理分析、预测出各种场景，以及如何判断规划方案的综合最优性。其缺陷是求解结果缺乏理论上的适应性，同时对于变量或场景过多的情况有可能造成求解上的困难。

（二）基于不确定性信息数学建模的数学规划方法

采用数学理论直接建模的方法，具有理论严密和对不确定性因素处理精确的优点，主要有随机规划方法、灰色规划方法和模糊规划方法。

1. 随机规划方法

随机规划方法是电力系统中对于不确定性因素进行考虑和处理最早的方法之一，使用概率理论来描述和处理随机环境中不确定因素。该方法所需数据一般基于随机潮流计算，获取线路过载概率、节点电压越限概率和系统失去静态稳定的概率等指标。但随机规划方法需要分析大量的样本数据才能得到其随机分布规律，同时也有很多不确定性因素并不具备随机特性，这些都限制了随机方法在电网灵活规划中的广泛应用。

2. 灰色规划方法

灰色规划方法基于灰色规划理论，核心是灰色动态建模。该方法的思想是直接将基于时间变化的一组数据转化为用微分方程来表示，建立基于系统发展变化的动态模型，对未来数据进行预测。目前，灰色方法在电网灵活规划中已得到初步应用，但由于灰色信息白化处理方法尚未完善，且缺乏严格的数学理论支持，还有待进一步改进与完善。

3. 模糊规划方法

模糊规划方法主要是用于处理主观因素较重和数据资料不完整等造成的不确定性因素最有效的方法之一，对于语言规则等定性资料的处理是模糊理论的一大优势。模糊方法已成为电网灵活规划中处理许多不确定性因素有力的应用工具。模糊建模的关键是模糊隶属函数的选择。此方法的不足之处在于，结果在很大程度上依赖于各决策因素隶属函数的选取，处理方法多样化，难以统一，而且当数据呈现出多种补缺性时将会遇到模型表达的困难。

三、智能配电网规划关键技术

（一）基于供电可靠性的配电网规划技术

随着我国社会经济的发展，电力客户对于供电质量的要求越来越高，而供电可靠性又是反映供电质量的一个重要指标，对于电力系统供电可靠性的研究具有重大的现实意义。配电系统处于电力系统末端，是与电力客户发生联系，并向其分配电能的重要环节。据统计，电力客户停电事件中80%以上是由配电环节引起的，表明配电系统对电力客户供电可靠性的影响最大。因此，保障合理的供电可靠性水平是保证供电质量、实现电力工业现代化的重要手段，对促进和改善电力工业技术和管理水平，提高经济效益和社会效益具有重要意义。

我国目前配电网规划一直采用的思路和方法是一种以指导策略为基础的规划方法，即$N-X$方法，也就是系统在失去X台设备后仍能保持正常运行。该方法通过为系统预留充分的备用容量来保证可靠性，属于一种定性粗放式的规划指标设定方式。如果规划人员关注降低费用，那么这种规划方法的有效性会显著降低；在设备负载率高于常规水平的情况下，这些方法也难以确保系统的可靠性。因此，单纯地通过保留足够的冗余度来达到一定的可靠性水平并不经济，而且在很多情况下，其有效性和必要性都较为有限。特别在电网发展差异化较为明显的地区，这样的规划方式往往会产生大量的投资浪费。而一味追求高可靠性也不是一种科学的规划理念和发展思路，无法适应配电网未来的发展，难以保障企业和用户的利益。特别是配电网经过多年的建设改造，供电能力已基本能够满足我国社会经济的发展要求，但用户对供电可靠性的差异化需求也更加显著，需要对可靠性相关问题开展深入研究。

基于供电可靠性的配电网规划是一种以系统供电可靠性目标为基础的规划方法。规划人员参照某个目标对配电网进行可靠性评估，然后识别影响既定目标实现的系统薄弱环节，并分析其产生的原因。按照主次、轻重原则对薄弱环节排序，最后确定解决这些问题的最佳方案，使供电可靠性达到目标。提高供电可靠性通常会增加电网建设成本，但可靠性的提高可以带来隐含的经济效益，如节约电网建设资金、减少停电损失等。当可靠性成本与可靠性效益平衡时，从综合效益来看，电网规划将达到最优。

电力企业对供电可靠性一直都有清楚的认识和明确的承诺，一直都以公共和公益事业的作用作为基本团队文化，即使在最紧急的情形下也要保证持续供电。但在复杂电网规划中，处理好可靠性和经济性之间的关系是一个艰巨的课题。当今一些国外先进的电力企业主要通过设置可靠性性能目标和重点、实施基于供电可靠性的规划和运行方法来保证其电网可靠性，目前只有这种方式才能以尽可能低的费用实现合理的供电可靠性，由此规划形成的输配电系统，既考虑了可靠性风险最低原则，又能实现最终成本效益的最优化。

（二）含分布式电源的配电网优化规划技术

传统的配电网潮流是单向的，由电源流向负荷侧，分布式发电/储能的接入，将使得潮流变成双向，必将增大配电系统的复杂性和不确定性，给传统的电网规划带来实质性的挑战，使得电网规划必须充分考虑分布式发电对电网的影响。随着分布式发电比例的不断扩大，分布式电源的接入给配电网规划带来的影响主要体现在以下三方面：

1. 对负荷增长模式的影响

负荷预测是电网规划设计的基础，能否得到准确、合理的负荷预测结果，是电网规划的关键前提条件。分布式能源的并网，加大了规划区电力负荷的预测难度。用户安装使用分布式能源后，与增加的电力负荷相抵消，对负荷增长模型产生影响。使用风能、太阳能等可再生能源的分布式电源输出功率受到自然条件的影响，使得用电负荷的增长和空间负荷分布具有更大的不确定性。分布式能源的并入，对规划区负荷增长产生影响，从而更难准确预测电力负荷的增长及空间分布情况。

2. 对配电网网络结构的影响

大量的分布式电源接入配电系统并网运行，将对配电系统结构产生深刻的影响。对大型发电厂和输电线路的依赖将有所减少，由于单向电源馈电潮流特性发生变化，一系列包括电压调整、无功平衡、继电保护在内的综合性问题将影响系统的运行。为了维护电网的安全、优质、稳定运行，必须使分布式电源能够接受调度指令，并与其他电源一起协调运行。要实现这个目标，需要增加必要的电力电子设备，通过控制和调节，将分布式电源集成到现有的配电系统中。这不但需要改造现有的配电自动化系统，还要转变思想观念，由被动到主动地管理电网。

3. 对配电网规划适应性的影响

虽然分布式电源能减少或推迟配电系统的建设投资，但位置和规模不合理的分布式电源可能导致配电网的某些设备利用率降低、网损增加，电网可靠性降低，为实现分布式电源与配电网协调发展，在选择最优电网规划方案时须考虑分布式电源接入的适应性。

（三）考虑大规模充放电设施接入的配电网规划技术

随着电动汽车充换电设施规模的不断扩大，其对配电网将产生两方面的影响。电动汽车作为配电网新增的用电负荷，具有分散性、移动性、非线性等特点，电动汽车的聚集性充电可能会造成局部电网负荷紧张，负荷高峰时段的充电将会加重配电网的负担，造成电网峰谷差增大、电网设备过负荷等问题，从而影响电网安全；电动汽车直流充电机采用电力电子技术、整流装置等非线性设备，在实际使用过程中不可避免地产生谐波和无功电流，从而影响配电网电能质量。电动汽车充换电设施对配电网产生以上影响的同时也对配电网规划技术提出了更高的要求。在进行配电网规划时，应充分考虑充换电设施对配电容量设置、配电线路选型、继电保护设置和滤波装置选用等方面的影响。

电动汽车充换电设施的规划建设主要包括以下内容：

（1）电动汽车规模预测。电动汽车包括公交车辆、公务车辆、出租车辆和私家车辆等种类，不同用途的电动汽车因其运行模式不同，对续航能力和充电时间要求也不同，从而影响能源补充方式及充换电设施的布局。电动汽车的规模预测应基于对相关发展政策、单位部门用车需求的充分调研，私家车辆的规模预测还与人口增长及当地汽车保有量水平密切相关。

（2）充换电站布局设置。充换电站的布局设置应按照以下原则进行：为使车辆行驶到充换电站的距离适当，引入均匀布点的思路，采用区域分块方式进行布点；基于交通道路情况，在车流量大、路网密集的区域多布点，反之则少布点；为方便出租车的充换电，可在出租车集中交班的区域设置充换电站；为补充车辆的续航能力，可在机场、车站、码头等地就近设置充换电站，方便远程行驶的电动车辆充换电。

（3）充电桩规划设置。充电桩的规划设置基于规划区域内的停车场及车位情况，可考虑在大型停车场、住宅小区、商场、医院、换乘站、机场、码头、公园、景区设置充电桩；在政府部门、办公场所停车场设置电动公务车充电桩；市区内先行设置，购车用户小区优先设置，设施条件较好区域的优先设置，并逐步扩大设置范围。

（四）智能配电网专项规划技术

智能配电网专项规划主要包括配电自动化规划和智能配用电通信规划，前者主要研究配电自动化主站、终端、信息交互等环节的规划及配电网与自动化系统之间的协调规划，后者主要研究智能配用电通信网规划及配电网与通信之间的协调规划。

1. 配电自动化规划

配电自动化以一次网架和设备为基础，以配电自动化系统为核心，综合利用多种通信方式，实现对配电系统的监测与控制，并通过与相关应用系统的信息集成，实现配电系统的科学管理。配电自动化是提高运行管理水平和供电可靠性水平的有效手段。

配电自动化规划以提高供电可靠性为主要目标，通过科学合理的规划，分阶段提高配电自动化覆盖率，实现网络状态的全监测和用户信息的全采集，逐步提升电网调控水平，实现配电网快速故障处理、主动控制和优化调节，并充分适应分布式电源及多元化负荷的接入。此外，通过信息交互规划实现与调度、运检、营销等系统的信息共享，为智能配电网运行管理提供强大的技术支撑。

配电自动化规划总体可分为现状分析、设定目标、制定原则、制订方案、评估方案和综合优选六部分内容。配电自动化规划应遵循经济实用、标准设计、差异区分、资源共享、同步建设的原则，并满足安全防护要求。

2. 智能配用电通信规划

电力通信网同电力系统安全稳定控制系统、调度自动化系统合称为电力系统安全稳定运行的三大支柱。目前，电力通信网更是电网调度自动化、网络运营市场化和管理现代化的基础，是确保电网安全、稳定、经济运行的重要基础设施，是实现智能电网的关键平台和重要支撑。

智能配用电通信规划应充分考虑地区发展方向，结合电网规划，建立结构合理、安全可靠、绿色环保、经济高效、覆盖全面的高速通信信息网络，实现配用电关键环节运行状况的无盲点监测和控制，满足实时和非实时信息的高度集成与共享，进而实现对配电自动化、用电信息采集、智能设备及电力光纤到户的全面支撑。

智能配用电通信规划主要包括主干通信网规划和接入网规划。通信网规划应结合智能电网整体规划及通信相关业务需求，遵循统一规划、分步实施、适度超前的总体思路，按照“实用性、可靠性、可扩展性、可管理性”的原则，合理选择成熟、经济、安全、实用的通信方式，并保持各级通信网规划思路和技术政策的一致性。

第二节 配电自动化

一、概述

（一）配电自动化简介

配电自动化以一次网架和设备为基础，以配电自动化系统为核心，综合利用多种通信方式，实现对配电系统的监测与控制，并通过与相关应用系统的信息集成，实现配电系统的科学管理。其中，配电自动化系统是实现配电网的运行监视和控制的自动化系统，具备配电 SCADA 馈线自动化、电网分析应用及与相关应用系统互联等功能，主要由配电主站、配电终端、配电子站（可选）和通信通道等部分组成。

（二）技术发展过程

（1）基于自动化开关设备相互配合的配电自动化阶段，主要设备为重合器和分段器等，不需要建设通信网络和计算机系统。其主要功能是在故障时通过自动化开关设备相互配合实现故障隔离和健全区域恢复供电。这一阶段的配电自动化系统局限在自动重合器和备用电源自动投入装置，自动化程度较低，具体表现在：①仅在故障时起作用，正常运行时不能起监控作用，不能优化运行方式；②调整运行方式后，需要到现场修改定值；③恢复健全区域供电时，无法采取安全和最佳措施；④隔离故障时需要经过多次重合，对设备冲击很大。这些系统目前仍大量应用。

（2）基于通信网络、馈线终端单元和后台计算机网络的配电自动化系统阶段，在配电网正常运行时也能起到监视配电网运行状况和遥控改变运行方式的作用，故障时能及时察觉，并由调度员通过遥控隔离故障区域和恢复健全区域供电。

（3）随着计算机技术的发展，产生了第三阶段的配电自动化系统。它在第二阶段的配电自动化系统的基础上增加了自动控制功能。形成了集配电网 SCADA 系统、配电地理信息系统、需方管理、调度员仿真调度、故障呼叫服务系统和工作票管理等于一体的综合自动化系统，形成了集变电站自动化、馈线分段开关测控、电容器组调节控制、用户负荷控制和远方抄表等系统于一体的配电网管理系统（DMS），功能多达140种。

（三）配电自动化主要构成及功能

1. 配电自动化的主要构成

（1）配电SCADA

配电SCADA（distribution SCADA）也称DSCADA，是指通过人机交互，实现配电网的运行监视和远方控制，为配电网的生产指挥和调度提供服务。

（2）馈线自动化

馈线自动化利用自动化装置或系统，监视配电线路的运行状况，及时发现线路故障，迅速诊断出故障区间并将故障区间隔离，快速恢复对非故障区间的供电。

馈线自动化功能应在对供电可靠性有进一步要求的区域实施，应具备必要的配电一次网架、设备和通信等基础条件，并与变电站/开闭所出线等保护相配合。可采取以下实现模式：

①集中型

借助通信手段，通过配电终端和配电主站/子站的配合，在发生故障时，判断故障区域，并通过遥控或人工隔离故障区域，恢复非故障区域供电。集中型馈线自动化包括全自动、半自动方式等。

全自动式：主站通过收集区域内配电终端的信息，判断配电网运行状态，集中进行故障定位，自动完成故障隔离和非故障区域恢复供电。

半自动式：主站通过收集区域内配电终端的信息，判断配电网运行状态，集中进行故障识别，通过遥控完成故障隔离和非故障区域恢复供电。

②就地型

不需要配电主站或配电子站控制，通过终端相互通信、保护配合或时序配合，在配电网发生故障时，隔离故障区域，恢复非故障区域供电，并上报处理过程及结果。就地型馈线自动化包括智能分布式、重合器方式等。

智能分布式：通过配电终端之间的故障处理逻辑，实现故障隔离和非故障区域恢复供电，并将故障处理结果上报给配电主站。

重合器式：在故障发生时，通过线路开关间的逻辑配合，利用重合器实现线路故障的定位、隔离和非故障区域恢复供电。

③电网分析应用

电网分析应用是配电自动化的扩展功能，包括模型导入/拼接、拓扑分析、解合环潮流、负荷转供、状态估计、网络重构、短路电流计算、电压/无功功率控制、负荷预测和网络优化等。

2. 配电自动化系统主要功能

（1）配电主站

配电主站（Master Station of Distribution Automation System）是配电自动化系统的核心部分，主要实现配电网数据采集与监控等基本功能和电网分析应用等扩展功能。

基本功能包括：①配电 SCADA。数据采集、状态监视、远方控制、人机交互、防误闭锁、图形显示、事件告警、事件顺序记录、事故追忆、数据统计、报表打印、配电终端在线管理和配电通信网络工况监视等。②与上一级电网调度（一般指地区电网调度）自动化系统和生产管理系统（或电网 GIS 平台）互联，建立完整的配电网拓扑模型。

（2）配电终端

配电终端安装于中压配电网现场的各种远方监测、控制单元的总称，主要包括配电开关监控终端——馈线终端（FTU）、配电变压器监测终端——配变终端（TTU）、开关站和公用及用户配电所的监控终端——站所终端（DTU）等。

配电终端应用对象主要有：开关站、配电室、环网柜、箱式变电站、柱上开关、配电变压器、配电线路等。根据应用对象及功能，配电终端可分为馈线终端（FTU）、站所终端（DTU）、配电变压器终端（TTU）和具备通信功能的故障指示器等。配电终端功能还可通过远动装置（RTU）、综合自动化装置或重合闸控制器等装置实现。

（3）配电子站

配电子站为优化系统结构层次、提高信息传输效率、便于配电通信系统组网而设置的中间层，实现所辖范围内的信息汇集、处理或故障处理、通信监视等功能。

配电子站分为通信汇集型子站和监控功能型子站。通信汇集型子站负责所辖区域内配电终端的数据汇集、处理与转发，监控功能型子站负责所辖区域内配电终端的数据采集处理、控制及应用。

通信汇集型子站基本功能包括：①终端数据的汇集、处理与转发。②远程通信。③终端的通信异常监视与上报。④远程维护和自诊断。

监控功能型子站基本功能包括：①应具备通信汇集型子站的基本功能。②在所辖区域内的配电线路发生故障时，子站应具备故障区域自动判断、隔离及非故障区域恢复供电的能力，并将处理情况上传至配电主站。③信息存储。④人机交互。

二、配电自动化关键技术

（一）配电自动化规划

1. 配电自动化规划的需求和条件

配电自动化规划的基础条件是，电源容量及布点合理，一次网络结构具有互联和转供能力、有适应负荷发展的能力，一次网络基本不再有改造计划。实际上最重要的是，线路参数和负荷等资料基本齐全，因为只有掌握了所有的基础信息，才有可能进行科学的规划计算。

在技术上可实现配电自动化的前提条件：①一次网络规划合理，接线方式简单，具有足够的负荷转移能力；②变配电设备自身可靠，有一定的容量裕度，并具有遥控和智能功能。

在经济上满足实现配电自动化的条件：将采用配电自动化与没有采用配电自动化时的隔离故障、转移负荷所需的时间进行比较，并综合考虑该时间差内因故障所失去的负荷和所损失的电量价值及重要程度，确认实现配电自动化所获得的经济效益或社会影响是否足以补偿为实现配电自动化所投入的资金。此外，因为修复故障所需时间与配电自动化无关，在配电自动化的经济评估中，不需要考虑修复故障所需的时间。

2. 配电自动化规划内容和步骤

配电自动化规划大体上可分为现状分析、设定目标、制订原则、制定方案、评估方案和综合优选六部分内容。

（1）现状分析。现状分析部分的目的主要是了解当地配电网建设和运行的实际情况，为后续的设立规划目标、制订规划方案等建立基础。现状分析部分的内容包括地区概况、配电网运行情况、配电网线路设备和自动化系统等主要方面。

（2）设定目标。设定目标主要是通过对现状及配电自动化发展的需求分析，制定配电自动化所希望达到的目标。规划目标可以分为总体目标和分阶段目标，也可以分为理想目标和最低限度目标。通过设定的目标来明确配电自动化未来发展的方向和发展程度，并作为具体规划方案中的考核条件，来对具体的规划方案进行考核评估。

（3）制定原则。为有效指导配电自动化规划，应结合配电网现状及配电自动化发展的需求，制定配电自动化规划原则，一般包括总体要求、区域选择、一次网架和设备、配电自动化系统（配电主站、配电终端、馈线自动化）、信息交互、通信系统等内容。

（4）制订方案。制订方案主要是根据设定的规划目标，结合现有的技术条件，尽可能多地制订出各种能够满足规划目标的配电自动化实施方案。通常在规划方案的内容时，主要规划系统功能、馈线自动化方式、实施对象的选取、通信与配电终端规划、信息规划管理、系统运行维护管理等方面的问题，其中系统功能规划环节主要是设计配电自动化系统所须实现的配电自动化功能，并且制订不同时期所须实现的配电自动化功能，力求快速经济地实现配电自动化的规划目标。

（5）评估方案。对制订的各种配电自动化方案进行优化评估，对各种方案从可靠性和经济性等相关指标进行量化评估，为规划方案的最终决策提供依据。

（6）综合优选。从企业战略、规划目标、经济性指标和项目的风险分析等多个方面选择合理的配电自动化规划方案，并修订编制最终的规划报告。

（二）智能配电终端技术

1. 智能配电终端功能与性能

智能配电终端的基本功能是实现采集各类电气量、数据存储、终端自诊断/自恢复、当地及远方操作维护、支持热插拔、通信交互、后备电源或接口、软/硬件防误动、对时等功能。其中，智能配电馈线/站所终端除具备上述基本功能外，还可具备故障诊断分析、保护控制、设备状态监测、风险分析、分布智能等高级功能；智能配电变压器终端还可具备动态无功补偿、三相不平衡治理、谐波治理、环境监测、分布式电源接入管理、互动化管理等高级功能，满足智能配电台区建设需求。各类智能配电终端基于IEC国际标准，采用统一信息模型和功能模型，可以支撑设备间、设备系统间互操作的实现。

智能配电终端的主要技术指标包括：遥测的数量、电压/电流的测量误差、功率的测量误差、功率损耗、时间顺序记录分辨率、控制操作正确率、数据存储容量、后备电源、配套电源、接口要求、通信要求等。

2. 智能配电终端技术发展需求

配电终端技术目前正向通用性、柔性化、自适应、互操作及智能化方向发展。传统配电终端由于不同厂家终端技术自成体系、开发平台之间不透明、软件不兼容等问题，造成配电终端通用性差、扩展不便、适用性差、维护及管理难度大、升级困难等问题，同时也不能适应智能配电网对终端智能化的需求。智能配电终端应强调标准化设计，宜将各类配电终端统一到具有可扩展、开发性特征的软/硬件基础平台上，来解决终端扩展不便、软/硬件升级困难、数据重复采集、配置不灵活及智能化程度不足等问题。

（三）馈线自动化技术

馈线自动化技术作为配电网故障诊断、处理和恢复的重要技术支撑手段，在配电自动化系统中具有十分重要的位置。其技术实现模式可分为就地控制模式、集中控制模式、故障指示器方式。

1. 就地控制模式

（1）重合器——时间电流型分段器方式

在主干线路上装设重合器，分支线路上装设分段器。主干线路利用重合器的重合闸功能和电流保护功能隔离故障区域和恢复非故障区域的供电，分支线路利用分段器记忆故障电流的次数，隔离分支线路故障。

采用此方式时，变电站出线开关选用重合器，10kV 主干线路开关选用时间电流型重合器，分支开关可选用跌落式分段器、三相共箱式分段器。

（2）重合器——重合式分段器（电压时间型）方式

通过变电站出线重合器的重合闸功能和线路上具有失电快速分闸、得电延时合闸及脉动闭锁功能的电压时间型分段器配合实现隔离故障区域和恢复非故障区域的供电。

采用此方式时，变电站出线开关采用重合器，10kV 主干线路采用重合式分段器（电压时间型）。

（3）分布智能方式

馈线发生故障后，配电开关对应的智能配电终端根据自身检测到的故障信息和收到的相邻开关的信息，判断故障是否在自身所处的馈线区间内部。只有当与某一个开关相关联的一个馈线区间内部发生故障时，该馈线区间的边界开关需要跳闸来隔离故障区域。故障区域开关跳闸完成隔离后，当配电开关及终端具备重合闸功能且被允许时，还可进行故障区间的一次重合闸过程，即故障区域的上游开关（切除故障的跳闸开关）进行一次重合，其他开关不重合，重合成功为瞬时故障，则向馈线区间内其他跳闸开关发送重合成功信息，相关开关得到该信息后合闸，恢复本区域供电；重合后又跳闸（只设置一次重合过程），即为永久故障，则向馈线区间内其他跳闸开关和联络开关发送重合失败信息，本区域其他跳闸开关保持不动。

故障隔离过程完成后，进入健全区域恢复过程。若一个联络开关的一侧失压，且与该联络开关相关联的馈线区间都没有发生故障，则经过预先整定的一定时限（例如数百毫秒）延时后，该联络开关自动合闸，恢复其故障侧健全区域供电；若一个联络开关的一侧失电压，且故障发生在与该联络开关相关联的馈线区间内，则该联络开关始终保持分闸状态；若联络开关收到与其相邻的开关发来的“开关拒分”信息，则该联络开关始终保持分闸状态；若一个联络开关的两侧均带电，则该联络开关始终保持分闸状态。对于具有多个联络开关提供不同转供恢复途径的情况，可以通过时限整定值的差异设置转供优先级。

2. 集中控制模式

（1）通过安装数据采集终端设备和主站计算机系统，并借助通信手段，在配电网正常运行时，实时监视配电网的运行情况并进行远方控制；在配电网发生故障时，自动判断故障区域并通过遥控隔离故障区域和恢复受故障影响的健全区域的供电系统。

（2）配电网故障时可实现故障迅速定位；故障区域隔离和受故障影响的健全区域恢复供电可以采取遥控方式；配电网正常运行时可监视配电网的运行情况，可以通过遥控改变运行方式。

（3）集中控制模式包含集中监控方式、分散监控方式、调/配一体化方式。

3. 故障指示器方式

先期资金匮乏、配电线路长，供电半径大，对自动化水平要求不高的情况下也可考虑使用负荷开关加装带通信的故障指示器模式。

配电网线路故障指示器方式为在开关或隔离开关等分段设备处安装的故障指示器上加装遥信采集装置，采集指示器是否翻转的遥信信号，并将该信号传送至主站。在主站端的微机上绘制线路示意图，并将故障信号直观地显示在图形中。

采用此方式时，变电站开关可采用断路器，线路可采用负荷开关或隔离开关分段，线路分段及分支处安装带通信功能的故障指示器。

第三节　智能配电网自愈控制

一、智能配电网自愈控制概述

（一）智能配电网自愈控制的概念

自愈是智能电网的重要特征，自愈控制技术是智能配电网实现自愈的手段。自愈控制集系统分析、运行优化、动态故障诊断、电网防护、事故应对及仿真决策等技术于一体，与自动化系统、信息化系统等一起形成智能配电网的控制中枢，实现电网安全的主动防御和全过程防御，是实现智能配电网安全可靠、经济高效运行的关键技术手段。

智能配电网自愈控制以灵活、可靠的实体网架及各种智能配电设备为基础，采用自动化系统/电网信息系统的历史/实时信息及外界环境信息，在线、持续监测电网运行状态，通过与安全保护装置、智能开关和智能配电终端等设备相配合，无须人工干预，实现运行优化、预防控制、故障诊断与隔离及供电恢复，避免故障发生或将故障影响限制在最小范围内，以提高电网运行的健康水平。

（二）智能配电网自愈控制的功能

智能配电网自愈控制通过自动化、SCADA、用户用电信息统一采集平台等间接或直接获取电网运行信息，自动、持续地跟踪整个110kV以下配电网运行状态，有效整合并综合利用配电网的稳态和动态运行信息、专家知识库及外界环境信息，对配电网进行在线监测、优化、预警、静/动态安全分析，采用智能控制、智能决策等技术，通过自动化装置或智能化装置进行配电网运行优化、自适应调节及紧急状态下的故障诊断隔离、协调控制、故障恢复，提高电网健康水平、避免事故发生或将事故影响限制在最小范围内。

智能配电网自愈控制实现以下功能：①智能配电网状态监测及状态评估。②智能配电网风险预防控制。根据电网运行状态及电网预警情况，对电网进行控制调节，以避免事故的发生或使即将发生的故障对电网的影响、危害降至最小。③智能配电网事故预警及动态故障诊断。根据电网运行信息、环境变化信息，在电网状态评估的基础上，对电网可能出现的故障、问题提出警告及处理措施；对已出现的故障快速诊断出故障类型、故障位置及故障影响等。④智能配电网运行优化。在电网健康状态运行条件下，根据负荷及环境的变化，调节电网运行方式，改善潮流分布、电压质量，实现经济运行、安全运行的目标。⑤智能配电网事故及自然灾害应对。在故障发生后，采用限制事故范围、防止事故扩大、减小事故影响及损失的控制措施，并尽快恢复供电。在电网灾害发生前，采取预防控制；在电网灾害发生后，统筹考虑社会经济、电网资源，兼顾全局与局部利益，采取限制事故范围、防止事故扩大、减小事故影响及损失的控制措施，确保重要负荷的持续供电，并分级、分区逐步恢复电网供电。⑥智能配电网仿真及决策。

二、智能配电网自愈控制技术体系

（一）基础层

实体电网作为智能电网的物理载体，是实现智能电网的基础，也是实现自愈控制的基础。我国智能配电网应该以可靠性建设为核心，以配电网高效运行为目标，同时提高负荷管理水平和用户参与水平。未来将有大量的分布式清洁能源发电及其他形式能源接入电网，要求配电网具备灵活网络重构、潮流优化、清洁能源接纳能力。同时，随着用户侧、配网侧分布式电源增多，特别是随着屋顶太阳能发电、电动汽车大量使用，电网中电力流和信息流的双向互动会逐步增多，对电网运行和管理将产生重大影响。因此，在实体配电网的建设过程中，必须进行前瞻性的探索、规划和构建，以长远的眼光来研究我国配电网的发展，大力推进先进技术创新，积极采用成熟先进技术，使实体电网在架构、技术、装备上满足未来智能电网的需求。

（二）支撑层

覆盖整个电网的信息交互是实现电力传输和使用高效性、可靠性和安全性的基础。自愈控制需要采集大量设备（包括一次、二次设备）的状态数据和表计计量数据，对于这种数量大、采集点多而且分散的情况，就需要在开放的通信架构、统一的技术标准、完备的安全防护措施下建立高速、双向、实时、集成的通信系统。

高速、双向、实时、集成的通信系统是实现智能配电网的基础，也是实现配电网自我预防、自我恢复的关键。电网通过连续不断的自我监测和校正，应用先进的信息技术，实现其自愈能力，提高对电网的驾驭能力和优质服务水平，它还可以监测各种扰动进行补偿，重新分配潮流，避免事故的扩大。

（三）应用层

自愈电网各项功能的实现，有赖于在完善电网、电力设备及数据通信的基础上，应用监测、评估、预警/分析、决策、控制、恢复等技术，实现电网的自我预防和自我恢复。

1. 监测

智能配电网是一个复杂的系统，按照现代控制理论的观点，要对一个系统实施有效控制，必须首先能够观测这个系统。智能配电网自愈控制重点在于提高电网所有元件的可观测性和可控制性，增强对电力设备参数、电网运行状态及分布式能源的监测作用，这就对传感与量测技术提出了更高的要求。

（1）智能传感器

智能传感器是一种带有微处理器的，具有信息检测、信息处理、信息记忆、逻辑思维与判断功能的传感器。智能传感器为自愈配电网的发展提供了敏锐的“神经末梢”。为了实现对智能电网大部分设备实现状态监测，使用的智能传感器必须具有高性价比、尺寸小、工程维护性好、良好的电磁兼容性、智能数据交换接口等特点，易于安装、推广和维护。

（2）同步相量测量技术

同步相量测量技术以全球定位系统（GPS）提供的精确时间为基准，可对电力系统进行同步相量测量、实时记录、暂态录波、时钟同步、运行参数监视、实时记录数据及暂态录波数据分析，实现各节点的同步测量，并通过高速通信网络把测量相量传送到主站，为大电网的实时监测、分析和控制提供基础信息。由于 PMU 能够实现广域电网运行状态的实时同步测量，为实现电力系统全局稳定性控制创造了条件，克服了现有以 SCADA 为代表的调度监测系统不能监测和辨识电力系统动态行为的缺点，改善了传统状态估计的结果。随着智能配电网的发展，系统保护和控制越来越复杂，实时相量测量系统将会是这些控制和保护装置中不可缺少的。

(3) 表计/变压器/馈线/开关设备

除智能传感器和同步相量测量技术外，未来智能配电网中的测量可能遍及电网的表计、变压器、馈线、断路器及其他设备和装置。

(4) 电网运行状态监测设备

应用电网运行状态监测设备，对电网运行状态监测，将电网当前的运行状态精确、直观地展现，并将电网当前的动态运行数据及时上传。

(5) 分布式能源监控设备

对分布式能源终端进行实时监测、控制和管理，实时显示终端参数并为评估模块和预警/分析模块提供实时数据。同时，还能实现管网平衡等控制，实现远程定时抄表，历史记录、历史曲线查询，自动完成各种报表，减轻工作人员的劳动强度，避免人为失误，避免纠纷，提高管理水平。

2. 评估

传统配电网评估方法多是从配电网供电能力和网架结构方面进行评估，由于智能配电网的复杂性，其评估须在传统配电网评估的基础上，加上电网安全评估、设备状态评估、电网脆弱性评估、电网风险评估及上网电价适应性评估，以尽可能地反映电网的实际情况，为电网预警/分析及自愈决策提供参考。

(1) 电网安全评估

电力系统的安全性是指电力系统在运行中承受故障扰动的能力。随着智能配电网的发展及分布式能源的接入，电力系统结构和运行方式日趋复杂，故障引起的系统失稳的影响范围更广，对于这种情况，必须进行电网静态安全评估和电网动态安全评估。

(2) 设备状态评估

自愈配电网供电可靠性在很大程度上取决于电力设备的可靠程度，电力设备作为电网运营的主要载体，其健康状态的好坏直接关系到电网抗风险的能力。设备状态评估可根据设备运行参数的变化而不断实时更新评估结果，量化设备的状态，使评估结果能够随设备、线路的改造而自我更新和完善，为分析设备的安全状况和电力系统的可能故障率及变化趋势起到一个长期动态而有效的指导作用。

（3）脆弱性评估

智能配电网自愈控制强调脆弱状态，重视预防控制；评价电网的脆弱性，根据脆弱性的严重程度和不同类别制订有针对性的控制方案。脆弱性评估是对系统受到外力作用或者突发事件的情况下所可能发生的变化，也就是对突发事件的敏感程度及可能发生的损失，通过脆弱性评估，可及时、有效地预测和预警未来可能发生的变化趋势或者损失，抑制不良因素的发展，使受损系统得以尽快恢复，以实现系统的良性发展和持续利用。

（4）风险评估

风险评估作为智能配电网不可或缺的分析方法和评估手段，应该在智能配电网建设初期予以重视。智能配电网引入了大量的新型元件和设备、带来了新的结构调整。传统设备故障带来的系统风险依然存在，大量新设备运行统计数据的缺乏，传统设备和新设备运行的协调，智能配电网带来的结构变化都使风险评估更加复杂。鉴于以上原因，需要对风险进行定量评估和管理，以便从可控因素入手，降低风险。

（5）上网电价适应性评估

智能配电网具有与客户互动的功能，电网可以为客户提供实时电价和用电信息，引导客户合理、高效用电，提高能源利用效率，实现用电优化、能效诊断等增值服务。但是，在电价的影响下用电负荷会随之发生较大的变化，对电网的承受能力产生影响，因此须对上网电价适应性进行评估。

3. 预警/分析

智能配电网规模庞大，运行机理复杂，但是电网运行实践表明，除少数突发故障以外，大多数故障的发生是有一个渐进过程的。如果早期发现，及时采取恰当的措施是完全可以防止的。为了及时发现电网安全隐患，提高电网自愈能力，根据电网运行信息、环境变化信息，在电网状态评估的基础上，对电网可能出现的故障、问题提出警告及处理措施，就是预警/分析。预警/分析是自愈电网不可缺少的部分，实现电网运行状态的在线自动跟踪，并能及时发现电网的隐患，自动给出预警信号。

当电网到达预警状态，须对电网的安全性实施全面而综合的实时预警，自动跟踪电网运行的安全级别，提取表征系统状态的特征信息，及时发现电网中存在的各种安全隐患，提出预警，从而采取主动措施，把安全隐患和灾变问题解决在初期阶段。

4. 决策、控制、恢复

评估和预警/分析信息上传到决策层，通过容错故障诊断技术、故障定位与隔离技术、电网灵活分区技术、自愈决策可视化技术及对应的模型、算法、规则库、知识库等，实时主动调控或适时采取技术对策消除某一初始原因刚刚产生的后果，并启动一个反作用因果链，抵消故障因果链的作用，从而可以将故障抑制在萌芽状态，控制、恢复和保持电网的稳定运行。

三、智能配电网自愈控制关键技术

智能配电网自愈控制关键技术涉及运行分析与评价、风险评估与预防控制、故障诊断与紧急控制、运行优化控制及仿真与决策等方面。

（一）运行分析与评价技术

1. 状态估计

智能配电网自愈控制建立在全面的数据采集和实时监测基础上，需要实时采集大量数据，进行分析与处理以获得系统运行方式和状态评价。但配电网遥测设备经常受随机误差、仪表误差和模式误差的干扰而导致数据不准。如果直接利用传送上来的数据进行计算，显然是不能满足要求的。

状态估计是在获知全网的网络结构条件下，结合从馈线 FTU 和母线 RTU 得到的实时功率和电压信息，补充对不同类型用户观测统计出的负荷曲线和负荷预测数据及抄表数据，运用新型的数学和计算机手段，在线估计配电网用户实时负荷，由此可以获得全网各部分的实时运行状态和参数。状态估计可以对数据进行实时处理，排除偶然的错误信息和数据，提高整个数据系统的质量和可靠性，为配电网自愈控制的实现提供可靠而完整的实时数据库。因此，状态估计是智能配电网自愈控制的“数据出口”，关系到自愈控制其他功能的数据准确度和结果正确度。

状态估计在我国配电网中的应用尚处于起步阶段，一般选择节点电压、支路电流及支路功率作为状态变量。最小二乘法是使用最为广泛的状态估计算法，近年来，部分学者提出将新息图理论、模糊数学理论等新理论应用于状态估计。对于坏数据检测和辨识，主要采用残差搜索法、零残差辨识法、逐次估计辨识法及递归量测误差估计辨识法等。

2. 潮流计算

潮流计算是电力系统中应用最广泛、最基本和最重要的一种电气计算。其任务是根据给定的网络结构及运行条件，确定整个系统的运行状态，包括各母线上的电压（幅值及相角）、网络中的功率分布（有功功率和无功功率）及功率损耗等。

在系统规划设计及运行方式分析安排中，采用离线潮流计算；在对电力系统运行状态的实时监控中，采用在线潮流计算。通过配电网在线潮流计算可以判断电气参数（电压、电流、有功功率、无功功率）是否越限，为评估电网运行状态提供数据支持，同时可以预知各种负荷波动和网络结构调整是否会引起电气参数越限甚至危及系统安全运行，以便事先采取预防措施消除安全隐患等。

对传统的潮流算法而言，配电网是具有“病态条件”的系统，不能直接适用传统的潮流计算方法。针对配电网的结构特点，专家学者们提出了很多算法。从处理三相的方式上，潮流计算法可分为相分量法、序分量法（又称对称分量法）和结合这两者的混合法。按照状态变量的选择，可以分为节点变量法和支路变量法。前推回代法是目前公认的求解辐射型配电网潮流问题的最佳算法之一。

3. 短路计算

在电力系统中，最常见同时也是最危险的故障是发生各种形式的短路，一旦发生短路故障，很有可能影响用户的正常供电和电气设备的正常运行。短路电流计算是继电保护整定和电力系统暂态稳定计算的重要依据。

在三相系统中，可能发生的短路有：三相短路、两相短路、两相接地短路和单相接地短路。其中，三相短路是对称短路，系统各相与正常运行时一样仍处于对称状态，其他类型的短路都是不对称短路。

电力系统的运行经验表明，在各种类型的短路中，单相短路占大多数，两相短路较少，三相短路的机会最少，但三相短路虽然很少发生，其情况较严重，应给予足够的重视。因此，一般都采用三相短路来计算短路电流，并检验电气设备的稳定性。

4. 负荷预测

负荷预测是指在充分考虑一些重要的系统运行特性、增容决策、自然条件与社会影响的条件下，研究或利用一套系统地处理过去与未来的数学方法，在满足一定精度要求的意义下，确定未来某特定时刻的负荷数值。负荷预测的准确与否直接关系到电力系统的安全运行和经济调度，它是指根据历史负荷数据，综合考虑天气、季节、节假日等影响因素，确定未来的负荷数据。

负荷预测按时间一般分为超短期（1h 以内）、短期（日负荷和周负荷）、中期（月至年）和长期（未来 3~5 年）负荷预测；按行业分为城市民用负荷、商业负荷、农村负荷、工业负荷及其他负荷的负荷预测；按特征分为最高负荷、最低负荷、平均负荷、负荷峰谷差、高峰负荷平均、低谷负荷平均、平峰负荷平均、全网负荷、母线负荷、负荷率等类型的负荷预测。

在配电网运行分析与评价中，主要涉及超短期和短期负荷预测。由于每日负荷具有明显的周期性，短期负荷预测受星期类型、天气因素影响较大，如温度、湿度、降雨等，还受电价影响。超短期负荷预测由于预测时间短，受天气影响较小，受预测模型和数据本身变化规律的影响较大，主要用于安全监视和紧急状态处理。

（二）风险评估与预防控制技术

1. 风险评估

智能配电网为用户提供较高供电可靠性的同时又给配电网带来了新的挑战，分布式电源和智能化设备的大量接入改变了配电网的运行方式，使得电网运行的复杂性大大增加。要满足社会经济发展及用户对供电可靠性和安全性的要求，需要对配电网的运行状态进行风险评估及安全预警，以尽早采取应对措施，尽量避免事故的发生。

配电网运行风险评估的目的是评估系统对于扰动事件的暴露程度，评估的内容主要包括扰动事件发生的可能性与严重性两方面。配电网运行风险评估采用概率评估的方法，充分考虑配电网运行的不确定性，并对运行中的配电网给出概率性的评价指标，为调度员提供监测电网运行风险的途径。

配电网风险评估主要包括运行风险评估与设备风险评估。配电网运行风险评估侧重于描述配电网运行中存在的风险，包括由于电网布局、电网装备、气象条件等造成的长期性存在的风险，以及在配电网运行中由于即将发生或已经发生突发事件、长期积累达到一定程度损害等使电网面临的风险。

配电网设备风险评估主要包括架空线路运行风险评估、变压器运行风险评估，以及其他配电设备的老化故障风险评估。对于架空线路运行风险评估，主要研究随着外部环境的变化，架空线路允许载流量的变化情况；对于变压器运行风险评估，主要研究根据变压器过载运行时自身的温度及在此温度下绝缘材料的老化程度，将它作为过载的限制条件，并计算其过载能力。

2. 预防控制

配电网风险预防控制以主动防御和预防为主，主要针对配电网进入紧急状态前较长的恶化阶段，自动提取表征配电系统风险状态的特征信息，实时、自动地找出配电系统中的各类安全隐患，提出综合预警，并给出消除隐患的控制措施，最终把灾变问题解决在孕育阶段。

风险预防控制应具有准确性、有效性、可操作性的特征。

风险预防控制的约束条件主要包括电网的可监测性，电网本身的可控性、可预防性，电网控制、分析等技术条件，电网运行参数约束，管理、政策法规五方面的内容。

（1）风险预防控制应具有准确性，应能准确辨识风险类型、风险位置、风险发生的原因，这取决于配电网是否具有可观测性。也就是说，配电网运行参数、设备参数、环境参数等配电网运行情况监测点的数量、布局，以及配电网各类信息采集系统的快速性、完整性、全面性，是制约风险控制准确性的重要因素。

（2）风险预防控制应具有可操作性，在实际情况中，当配电网由于网架结构、运行方式等自身原因而不具备可控、可预防的基础条件时，风险控制则无法实施，因此电网的可控、可预防性是制约风险控制能否实施的重要因素。

（3）风险预防控制的准确性和可操作性同时也受配电网的自动化程度、智能化水平等电网控制、分析技术条件的制约。

（4）风险预防控制的最终目的是使电网从风险状态转移到正常状态，因此风险控制首先应满足电网自身的约束条件，即电压、电流、有功功率、无功功率等运行参数须满足电网安全稳定运行的约束。

（5）风险预防控制的另一目的是使电网面临的风险减缓，即把电网面临的风险降低到可接受的水平。因此，风险控制除了要满足电网自身的约束条件外，还应满足电网风险管理过程中相关的费用、效益、法律或法规要求、社会经济和环境因素、主管运行人员的相关事务、优先性和其他约束条件。

风险预防控制是一个动态连续闭环控制的过程，主要包括风险机理研究、风险状态辨识、风险评估、风险预防控制方案制订、风险预防控制方案执行、风险控制效果评估六大部分内容。

（三）故障诊断与紧急控制技术

1. 故障诊断

在发生故障后，切除故障元件并且在很少或无须人为干预的情况下迅速恢复非故障区域供电，是智能配电网自愈控制的主要任务之一。准确、迅速的故障诊断及定位，是完成这一任务的前提。

配电网故障诊断是依据故障综合信息，借助于知识库，采用某种诊断机制来确定配电网故障设备或原因，同时完成对保护装置、安全自动装置等监测，控制设备工作行为的评价。配电网中继电保护配合的复杂性、网络拓扑的变化及环境的各种不确定性，加之分布式电源、微网、电动汽车、储能系统等的接入，使得配电网故障诊断成为一个复杂的综合性问题。

配电网故障诊断包括故障类型的确定，故障定位，以及误动保护和断路器的识别。根据现有的自动化实现程度，发生故障情况后，首先确定故障发生位置，之后派遣专职人员前去处理。因此，当前对于故障诊断技术的研究集中在故障定位方面。故障定位的目的是根据采集到的故障信息，尽可能精确地判断故障发生的馈线、区段，甚至位置点，从而为故障分析和供电恢复提供条件。

目前，在具体实现方式上，配电网故障定位方法可分为利用多个线路终端（FTU）或故障指示器（FPI）的广域故障诊断法及直接利用线路出口处测量到的电气量信息进行计算的故障定位法。前者用于交通便利、自动化水平较高的城区配电网完成快速故障隔离，后者用于供电距离较长、不易巡检的乡镇配电网或铁路自闭/贯通系统完成故障点查找。

短路故障和小电流接地故障是配电网中两类发生频率最高的故障，目前配电网故障定位技术的研究也集中针对于此两类事故。

2. 紧急控制

紧急控制是指系统针对配电网紧急状态进行处理的全过程，在配电网运行过程中，及时察觉各类紧急状况，进行故障分析，生成控制决策方案并执行，以有效隔离故障，保障供电可靠性。紧急控制包括紧急状态辨识、故障诊断、安全保护模式配置、紧急控制方案的生成与执行等内容，重点实现以下三方面的功能：①在电网已经发生事故（短路、断线、单相接地、电力设施损毁等）后，及时察觉，并辨识出事故类型及发生位置，采取相应的保护控制或供电恢复措施。②在某一事故处理过程中，同时监测电网状态，处理其他类型或位置的事故，实施多个保护控制措施，并恢复停电区域供电；或在电能质量严重超标后，及时察觉，并辨识出引发此类越限事件的源头，采取相应的控制或隔离措施。③在电网虽未发生故障，但出现预定的事件、运行条件时，采取相应预定的紧急控制措施，降低事故发生概率的过程。

实现紧急控制，需要解决以下三个问题：①配电网紧急状态辨识。②在配电网发生故障后，确定故障类型及发生位置。③在确定故障性质后，制定控制措施，以可靠且准确地隔离故障，使得停电区域最小。

可靠性、快速性、准确性、灵敏性是紧急控制的基本特征，也是衡量智能配电网自愈控制系统中的紧急控制实施好坏的四个主要指标。①可靠性。在配电网进入紧急状态后，紧急控制子系统生成的紧急控制方案，应具备容错能力，对于保护或断路器的拒动、误动具有冗余性。紧急控制的可靠性，主要由所用信息的可靠性、紧急控制方法的可靠性与保护配置的完备性所决定。②快速性。在配电网进入紧急状态后，紧急控制子系统应能及时响应，尽快生成紧急控制策略并执行，以防紧急状况的进一步扩大或恶化。紧急控制的快速性主要由数据采集速度、信息传输速度、算法所需运算次数（在硬件配置不变的前提下）、指令传输速度、执行装置的响应速度等决定。③准确性。包含两层含义：第一，在配电网进入紧急状态后，紧急控制子系统进行的故障定位应尽可能精确，如对于单相接地故障，除实现故障选线外，应能够判定出是该条馈线上的哪一个区段发生了此类故障；第二，在确定出紧急状况类型、位置、影响范围等结论之后，应能够生成准确的紧急状态控制措施，通过该措施，不但能够有效地隔离故障，而且保证因故障隔离造成的停电区域尽可能地小。紧急控制的准确性，主要由所用信息的准确性、紧急控制方法的充分性与准确性、保护配置的完备性所决定。④灵敏性。灵敏性是指紧急控制子系统对于各类故障或异常状况，能够灵敏地进行反应和动作。紧急控制的灵敏性主要与信号采集的准确性、限值设定的合理性及紧急控制子系统建立时研究对象的全面性等相关。

紧急控制理论方法的研究包括紧急控制机理、紧急状态辨识、故障诊断、安全保护模式配置、紧急控制方案的生成与紧急控制效果评价六部分内容。①紧急控制机理。紧急控制机理是紧急控制实施理论依据的集合，包括紧急状况的演变规律，紧急状况表征与紧急状况类型、位置或源头之间的映射关系，电流、电压、应力或其他物理特征值及与紧急状况发生、消失之间的映射关系，紧急状况类型、位置或源头与保护/断路器动作等控制策略之间的映射关系等。②紧急状态辨识。确定配电网当前是否处于紧急状态，即是否发生紧急状况，需要研究两方面内容：第一，在配电网运行各阶段各状态（非紧急状态）中，如何进行紧急状态辨识，以便尽早发现紧急状况，防止故障进一步恶化；第二，在配电网处于紧急状态之中，如何进行紧急状态的连续辨识与跟踪，不仅要跟踪原紧急状况的发展变化情况（包括但不限于原紧急状况的消失、扩大或恶化），还要辨识是否有其他类型或其他位置处的紧急状况发生。配电网紧急状态辨识在电网运行中是需要实时进行的过程。③故障诊断。主要包括故障类型的确定依据及故障定位方法两方面研究内容，用于在确定配电网进入紧急状态或可能进入紧急状态后，进一步得出紧急状况类型、发生位置、故障原因、影响范围、严重程度等结论。④安全保护模式配置。研究不同节点类型对应的安全保护模式，研究配电网节点的保护/断路器动作规则，以在紧急状况发生后，能够准确、可靠地隔离故障区域，并具备保护/断路器误动、拒动的容错能力。⑤紧急控制方案的生成。研究如何结合在线生成的故障诊断结论与预先设置的安全保护配置模式，生成紧急状态控制决策方案。⑥紧急控制效果评价。包括紧急控制效果评价指标与评价方法等内容，用来检验紧急控制方案的有效性。

紧急控制机理，作为紧急控制实施的理论依据，是需要预先在广泛调研的基础上深入挖掘的内容；紧急状态辨识，是需要实时在线进行的过程；故障诊断、紧急控制方案的生成、紧急控制效果评价，则是在紧急状态辨识结果为“是”的情况下逐次启动的过程，即受事件驱动；安全保护模式，需要预先设置，以便配电网发生紧急状况后，可遵循此模式，生成紧急控制方案。

（四）运行优化控制技术

智能配电网运行优化是指当配电网处于正常状态时，根据负荷及环境的变化，通过潮流/最优潮流计算、电压控制、无功优化、网络重构等手段，调节电网运行方式以优化电网潮流、改善电压质量，实现电网安全可靠、经济高效运行。智能配电网优化控制力求将安全性、供电能力、可靠性、经济性完美地统一起来。

1. 智能配电网优化控制特性要求

（1）安全性

在配电网优化控制中，安全性是第一要义。安全性是指电网对除计划停电之外的所有用户保持不间断供电，即不失去负荷。一方面，系统发出的有功功率、无功功率等于用户的有功负荷、无功负荷与网络损耗之和，即满足潮流方程约束；另一方面，在保证电能质量合格的条件下，有关设备的运行状态应处于其运行限值范围内，即没有过负荷，满足节点电压上下限和支路有功、无功潮流上下限不等式约束。

（2）供电能力

通常来说，在电网规划设计阶段，考虑了一定的容载比，预留了一定的备用容量，大多数情况下供电能力可以满足用电需求，但是不排除由于负荷激增等，出现供电能力不能满足负荷需求的情况。在这种情况下，最大限度地保证尽可能多的用户安全用电，使停电负荷尽可能少成为配电网优化控制的主要目标。

供电能力不能满足负荷需求，主要有以下两种情况：①上级电源供电能力充足，但是由于线路线径选择不当或者装接配电变压器容量偏小、运行方式不合理等，导致上级电源的供电能力不能释放；②上级电源供电能力不足，不能满足负荷需求。

对于由于线路线径选择不当或者配电变压器容量偏小导致的卡脖子现象，须进行甩负荷，以保证用户安全可靠用电；对于由于运行方式不合理导致的卡脖子现象，可通过比较各种运行方式的安全性和供电能力，选择满足安全性和负荷需求的运行方式；对于上级电源供电能力不足导致不能满足负荷需求的情况，须进行甩负荷，以保证用户安全可靠用电。

（3）可靠性

在保证安全用电和有电可用的基础上，尽可能提高电能质量。电能质量评价指标包括但不限于以下内容：负荷点故障率、系统平均停电频率、系统平均停电时间、电压合格率、电压波动与闪变、三相不平衡度、波形畸变率、电压偏移、频率偏差等。

（4）经济性

电力部门总是面临这样的决策问题：一是要把可靠性水平提高到一定程度，从经济上考虑应如何选择提高可靠性措施的最佳方案；二是应花多大的投资把可靠性提高到何种水平为最佳。投资成本增加，系统的可靠性随之提高；若电网投资过高，投资成本的增加大于其所带来的可靠性效益，则经济效益不明显。

经济性比较常用的目标函数主要有系统总发电费用最少、系统年运行费用最小、系统网络损耗最小等。

2. 配电网运行优化控制技术要求

（1）最优潮流

最优潮流是当系统的网络结构和参数及负荷情况给定时，通过控制变量的优选，所找到的能满足所有指定的约束条件，并使系统的一个或多个性能指标达到最优时的潮流分布。常规潮流计算确定的电网运行状态，可能由于某些状态变量或者作为状态变量函数的其他变量超出了所容许的运行限值，因而技术上是不可行的。调整某些控制变量的给定值，重新进行潮流计算，直到满足所有的约束条件为止，就得到了一个技术上可行的潮流解。对某一种负荷情况，理论上同时存在为数众多的、技术上都能满足要求的可行潮流解。每一个可行潮流解对应于系统的某一个特定的运行方式，具有相应技术经济性能指标。最优潮流计算就是要从所有的可行潮流解中挑选出上述性能指标最佳的一个方案，以实现系统优化运行。

（2）无功优化

无功优化分为规划优化和运行优化。对运行中的电力系统，主要指无功运行优化。配电网无功优化的控制手段主要包括电容器组的优化投切和有载调压变压器分接头的调节。我国配电网三相不平衡问题比较突出，因此电容器的优化投切还应该考虑三相不平衡的情况。

无功优化须遵循以下四个原则：①实现全网最大范围的电压合格。②实现全网损耗尽可能小。③实现全网设备动作次数尽可能少。④所有的操作符合各项安全规章制度。

无功优化的数学模型：①目标函数。电能损耗最小，设备动作次数最少。②约束条件。潮流方程约束、节点电压约束、三相不平衡约束、电容器投切次数、有载调压变压器调节次数等。③网络重构。配电网络重构是在满足系统各项约束的条件下（如拓扑约束、电气约束、供电指标约束等），通过闭合/开断网络中的分段、联络开关改变网络拓扑结构来实现系统运行方式的改变，从而达到优化某项或多项指标的目的。在系统正常运行状态下，配电网络重构主要是以优化系统运行状态为目的，如降低网络损耗、消除过负荷、提高供电质量等；在系统故障情况下，主要是通过分段、联络开关的开、断状态转换，实现非故障停电区域的快速恢复供电。

第四节　分布式发电与微电网技术

一、分布式发电技术类型

（一）光伏发电

光伏发电是利用半导体光生伏打效应将太阳辐射能转换为电能的发电方式。光伏发电系统的基本部件包括光伏电池阵列、逆变器、控制器和测量装置。根据需要，有的光伏发电系统还可以包括蓄电池（组）和太阳跟踪控制系统。光伏发电的特点是可靠性高、使用寿命长、不污染环境、能独立发电又能并网运行，具有广阔的发展前景。

光伏发电系统分为独立太阳能光伏发电系统和并网太阳能光伏发电系统。独立太阳能光伏发电是指太阳能光伏发电不与电网连接的发电方式，典型特征为需要蓄电池来存储夜晚用电的能量。独立太阳能光伏发电在民用范围内主要用于边远的乡村，如家庭系统、村级太阳能光伏电站；在工业范围内主要用于通信、卫星广播电视、太阳能水泵等，在具备风力发电和小水电的地区还可以组成混合发电系统，如风力发电/太阳能发电互补系统等。并网太阳能光伏发电是指太阳能光伏发电连接到电网的发电方式，成为电网的补充。民用并网太阳能光伏发电多以家庭为单位，商业用途主要为企业、政府大楼、商场等供电。

光伏发电具有不消耗燃料、不受地域限制、规模灵活、无污染、安全可靠、维护简单等优点，但是光伏电池光电转换效率比较低，同时光伏电池的输出功率受日照强度、天气等因素影响，光伏发电成本比较高。

（二）风力发电

风力发电技术是将风能转化为电能的发电技术。由于风力发电环保可再生、全球可行、成本低，规模效益显著，已受到越来越广泛的欢迎，成为发展最快的新型能源之一。

风力发电机组主要由两大部分组成：①风力机部分，其作用是将风能转化为机械能；②发电机部分，其作用是将机械能转化为电能。根据风力机类型的不同，风力发电机组可分为水平轴风机和垂直轴风机两类；根据发电机部分的类型不同，风力发电机组可分为异步发电机型和同步发电机型两大类。

风力发电形式可分为离网型和并网型。离网型风力发电机单机功率从几十瓦到几十千瓦不等，可以为边远地区的边防连队哨所及海岛驻军等公共电网覆盖不到的地方提供电能。并网型风力发电场通常由多台大容量风力发电机组成，它们之间通过汇流母线，连接到升压变压器进而接入电网实现并网发电。并网型风力发电场具有大型化、集中安装和控制等特点，是大规模开发风电的主要形式，也是近几年来风电发展的主要趋势。但是风能具有很大的随机性、不可预测性和不可控性，风电场输出功率波动范围通常较大，速度也较快，对电网安全稳定及正常调度运行造成一定的影响。

（三）微型燃气轮机发电

微型燃气轮机是指功率为 25～75kW，以天然气、甲烷、汽油、柴油等为燃料的超小型燃气轮机。微型燃气轮机发电的典型特点为将燃气轮机和发电机设计成一体，因此相比传统的发电技术，整台发电机组的尺寸明显减小，质量更轻。

与现有的发电技术相比，微型燃气轮机的发电效率较低，满负荷运行时效率为 30%，半负荷运行时效率为 10%～15%，若采用热电联产，效率可提高到 75%。回热微型燃气轮机排气温度为 250℃～300℃，用于分布式供电时靠近用户，可方便地按用户需要利用排气热量来供暖、供冷和供热水等，这些热负荷相互重叠和衔接，使供热负荷波动减少，提高了能源有效利用的程度。

（四）生物质能发电

生物质能发电是利用生物质所具有的生物质能进行的发电技术，是可再生能源发电的一种形式，包括农林废弃物直接燃烧发电、农林废弃物气化发电、垃圾焚烧发电、垃圾填埋气发电、沼气发电等。

生物质发电在可再生能源发电中电能质量好、可靠性高，比小水电、风电和太阳能发电等间歇性发电要好得多，可以作为小水电、风电、太阳能发电的补充能源，尤其是在常规能源匮乏的广大农村地区，具有很高的经济价值。生物质能是世界第四大能源，仅次于煤炭、石油和天然气。

（五）燃料电池发电

与常规发电方式相比，燃料电池发电方式具有以下优点：①效率高且不受负荷变化的影响；②清洁无污染、噪声低；③模块化结构，扩容和增容容易，安装周期短、安装位置灵活；④负荷响应快，运行质量高，在数秒内就可以从最低功率变换到额定功率。然而，目前燃料电池的造价仍较高，这成为阻碍燃料电池大规模推广应用的重要因素。

二、分布式电源的典型并网方式

分布式电源应根据电源类型、装机容量、技术经济分析结果和当地电网实际情况，选择合适的接入电压等级与接入模式，额定容量400kW及以下的分布式电源宜接入220/380V电压等级，额定容量400kW以上的分布式电源宜接入10kV以上的电压等级。

按照分布式电源并网电压等级和并网方式，分布式电源接入配电网主要有以下几种方式。

（一）低压分散接入

小容量分布式电源接入低压配电网，所发电量优先本地自发自用，多余电量上网，电网调剂余缺，接入点配置双向计量电量。分布式电源可以采用以下三种方式接入低压配电网：①直接专线接入公用配电变压器380V侧；②直接T接形式接入380V配电网；③接入用户后接入220/380V配电网。

（二）中压馈线接入

大容量分布式电源就近接入10kV馈线，一般采用T接形式接入。根据分布式电源与用户负荷的位置关系，可分为直接接入配电网和接入用户内部电网后接入配电网两种方式。

（三）专线接入

当分布式电源容量较大且输出功率波动较大时（如风力发电等），分布式电源可采用专线形式接入公共变电站10kV侧。根据分布式电源与用电负荷的位置关系，专线接入可以分为分布式电源直接接入配电网和分布式电源接入用户内部电网后专线接入配电网两种方式。

三、微电网技术

（一）微电网的功能

微电网可以满足一片电力负荷聚集区的能量需要，这种聚集区可以是重要的办公区和厂区，或者传统电力系统的供电成本太高的远郊居民区等。因此，相对于传统的输配电网，微电网的结构比较灵活。

1. 并、离网下自治运行

微电网的并网运行是指微电网与主电网并列运行，即与常规配电网在主回路上存在电气连接点，即公共连接点（PCC）。并网运行时微电网电量不足部分由主电网补充，微电网电量富余时可以送往主电网，实现微电网内功率的动态平衡，并且不影响微电网的稳定可靠运行。当主电网故障或有特殊需求时，微电网离网运行，此时由分布式电源独立供电，而当分布式电源不能满足微电网内的负荷需求时，也可配合相应容量的储能设施通过协调控制实现微电网内的功率平衡，从而保证重要用户的供电，并为电网崩溃后的快速恢复提供电源支持，最终实现微电网并、离网下自治运行。

2. 平滑切换

微电网从并网转离网或离网转并网时，由于微电网对于主电网表现为一个自治受控单元，因此微电网运行模式的转变对主电网的运行不会产生影响，减少了切换过程中对主电网的冲击和影响，实现了微电网的平滑切换。

3. 能源优化利用

为了提高分布式电源的利用效率，减少高渗透率下分布式电源接入对电网的冲击和影响，通过微电网技术将分布式电源、负荷和储能装置进行有机整合，并网运行时作为可灵活调度单元，既可从电网中吸取电能，又可将多余电能供给电网，与主网协调运行；离网运行时，可通过储能及控制环节维持自身稳定运行。所以，微电网在发挥分布式电源高效性与灵活性的同时，又能有效克服其随机性、间歇性的缺点，是电网接纳分布式电源的最有效途径（可灵活实现电量的就地消纳）。

4. 友好接入主电网

微电网具有双重角色，对于主电网，微电网可视为一个简单的可调度负荷，可以在数秒内做出响应以满足电网的需要；而对于用户，微电网可以作为一个可订制的电源，以满足用户多样化的需求。微电网作为一个单一的自治受控单元，其并网和离网运行对电网不会产生冲击和影响，并可适时向大电网提供有力支撑，学者形象地称之为电力系统的“好市民”和“模范市民”。

（二）微电网关键技术

微电网作为一个小而全的发供用电系统，存在许多关键技术问题需要研究，例如微电网的建模与仿真技术、微电网的运行控制技术、微电网能量管理与调度技术、微信息通信技术、微电网保护技术等。下面将对与智能电网密切相关的微电网仿真、控制、保护、信息通信、能量管理调度等几个关键技术进行介绍。

1. 微电网的建模与仿真技术

建立在微电网计算理论上的微电网仿真技术是分析微电网复杂电磁和机电暂态过程、优化规划与运行、稳定性分析与控制等各项技术研究和测试的必要手段，是对微电网进行研究的基础。对微电网的正确建模与仿真，能为微电网的运行控制、发电调度、保护整定等提供参考，是对微电网进行合理规划和正确运行控制的保障。

（1）微电网建模

微电网的建模包括两个层次的内容：微电源单元及相关单元级控制器的建模和微电网系统级控制器、系统整体运行控制及能量优化管理系统的建模。

①微电网单元级控制器建模。首先需要对微电网系统中的各种供热、供电、储能单元及相关单元级控制器进行单元级建模，包括系统各组成单元的数学模型、以可再生能源为初始能源的微电源单元输出功率的随机模型、储能单元的充放电控制模型等。对以可再生能源为初始能源的微电源单元的能量预测是其中的一个重要方面。准确预测长期、短期甚至超短期太阳能、风能发电单元的发电能力，是合理规划微电网系统的基础，也是保证微电网系统可靠运行的关键之一。

②微电网系统级控制器及能量优化管理系统建模。微电网系统存在多种微电源单元，需要为各微电源单元间的协调、系统的集成运行开发相应的微电网系统级运行控制及能量优化管理软件，如短期甚至超短期的可再生能源的能量预测和负荷需求预测、机组组合、经济调度、实时管理等应用软件。电力电子变换器的控制也是微电网系统运行控制尤其是动态运行过程中需要重点考虑的一个问题。

（2）微电网仿真

由于微电网中电力电子技术的应用、微网接入对原有配电系统特性的改变、微电网运行方式的不确定性等因素，微电网的计算仿真技术与目前的电网计算和仿真技术相比，需要考虑更多因素。具体来说，包括以下几点：①由于分布式电源的接入，网络结构发生改变，无法维持严格的辐射状结构。②为应对微电网并网和孤岛两种运行模式，微电网中分布式电源的控制系统可能具有多种控制方式，计算模型需要综合考虑，并根据其控制系统确定相互转化的方式。③电力电子装置的短路计算模型不确定，与分布式电源的控制方式有很大关系。④微电网系统的电源、负荷可以是单相也可以是三相的，电路可以是三线制、四线制甚至五线制的，系统可以是单点接地也可以是多点接地，这些导致系统不对称、不均衡，使得现有针对互联电力系统的分析方法不完全适用于微电网系统。⑤在微电网中，既有同步发电机等具有较大时间常数的旋转设备，也有响应快速的电力电子装置。在系统发生扰动时，既有在微秒级快速变化的电磁暂态过程，也有毫秒级变化的机电暂态过程和以秒级变化的慢动态过程。需要综合考虑它们之间的相互影响，以实现动态全过程的数字仿真。

需要针对以上变化，研究相应的计算方法，形成完整的微电网计算和仿真理论，开发一些系统稳态和动态工具，以适应微电网这种全新的电网运行方式。具体来说，需要解决的关键技术包括：①微电网元件的稳态与动态建模方法，包括微型燃气轮机、内燃机、燃料电池、光伏电池等分布式电源及储能装置的计算模型及其相互转化。②微电网及含电网的配电网潮流计算及最优潮流方法。③微电网及含微网的配电网状态估计方法。④微电网及含微网的配电网短路电流计算方法。⑤微电网及含微网的配电网稳定性定义与分析方法。⑥微电网全过程数字仿真理论与方法。

2. 微电网的运行控制技术

由微电网的结构可以看到，微电网能实现灵活的运行方式与高质量的供电服务，关键在于其完善的控制系统。微电网的控制技术是目前微电网研究的热点课题之一。基于微电网即插即用的特点，微电网中微电源的数目是不确定的，新的微电源接入的不确定性将使采用中央控制的方法变得难以实现，而且一旦中央控制系统中某一控制单元发生故障，就可能导致整个系统瘫痪。因此，微电网的控制应能基于本地信息对电网中的事件做出自主反应，例如对于电压跌落、故障、停电等，发电机应当利用本地信息自动转到独立运行方式，而不是像传统方式中由电网调度统一协调。具体来说，微电网控制应当满足以下技术要求：

（1）选择合适的可控点。微电网内各个分布式电源一方面可控程度不同，如对于可再生能源来说，其有功功率取决于天气条件等因素，无法人为控制和调节；对部分电源来说，其控制权可能归属于用户，无法纳入统一的自动控制系统。另一方面动态响应不同，逆变型分布式电源和同步机型分布式电源动态响应差异较大；对各类控制策略都需要选择合适的可控点。

（2）无缝切换。微电网具有联网运行和独立运行两种运行模式。当检测到微电网发生孤岛效应，或根据情况需要微电网独立运行时，应迅速断开与公共电网的连接转入独立运行模式。当公共电网供电恢复正常时，或根据情况需要微电网联网运行时，将处于独立运行模式的微电网重新联入公共电网。在这两者之间转换的过程中，需要采用相应的运行控制，以保证电网的平稳切换和过渡。

（3）自动发电/频率控制。在微电网中，并网运行时由于主网的作用，微电网的频率变化不大。但在孤岛运行时，由于系统惯性小，在扰动期间频率变化迅速，必须采取相应的自动频率控制以保证微电网系统频率在允许范围内。尤其在参与主控频率的分布式电源数量和容量相对较少时，微电网的频率更加不易控制。

（4）自动电压控制。在微电网中，可再生能源的波动、异步风力发电机的并网等都会造成微电网电压波动。而且微电网内包括感应电动机等在内的各类负荷与分布式电源相距极近，电压波动等问题更加复杂，需要采取相应的自动频率控制以保证微电网系统电压在允许范围内。

（5）快速稳定系统。微电网内关键电气设备停运、故障、负荷大变化等，将可能导致系统频率、电压等大幅度超越允许范围、分布式电源等系统元件负荷超出其定额、分布式电源间产生环流和功率振荡等现象，需要采用相应的稳定控制快速稳定系统，通过切除分布式电源或负荷等手段，维持系统频率和电压稳定。

（6）黑启动。在一些极端情况发生时，如出现主动孤岛过渡失败或是微电网失稳而完全停电等情况时，需要利用分布式电源的自启动和独立供电特点，对微电网进行黑启动，以保证对重要负荷供电。

3. 微电网保护技术

目前，分布式发电大多数都执行反孤岛策略，即在故障发生后简单切除分布式发电。而微电网必须甄别故障，尽量实现分布式发电在故障期间内在线并提供支撑以减小损失，甚至能够在灾变事故下生存。因此，微电网保护体系与传统保护有着极大的不同，典型表现在潮流双向流通、具有并网/独立两种运行工况、故障过渡的需求、不允许微电网无选择性退出主网等方面，这使得短路电流流向和大小在不同情况下差异很大，外部配电网保护也需要根据微电网运行做出协调。同时，也需要建立相应的紧急保护和控制策略，保证灾变事故下生存。

微电网保护主要有两方面的问题：①如何提取故障特征；②对不同模式，不同故障点情况下如何给微电网提供充分的保护。

对于如何提取故障特征，微电网中多个分布式电源及储能装置的接入，彻底地改变了配电系统故障的特征，使故障后电气量的变化变得十分复杂，传统的保护原理和故障检测方法将受到巨大的影响，可能导致无法准确地判断出故障的位置，主要体现在以下几方面：①双向潮流，微电网的负荷附近可能存在两个甚至更多微电源，功率可以从来自相反方向的微电源流向负荷。②电力电子逆变器的控制使得逆变型分布式电源输出的短路电流通常被限制在1.5~2倍额定电流，导致微电网孤岛运行时，逆变器的故障电流不够大，难以采用传统的电流保护技术。③微电网通常包含单相负荷或三相不平衡负荷，正常运行时电流零序和负序分量，使得基于对称电流分量的保护在正常情况下也可能跳闸。

对于微电网具有联网运行和独立运行两种运行模式，且需要能够处理微电网内和微电网外故障。主要技术需求体现在以下几方面：①在微电网外部的配电系统发生故障时，需要快速地将微电网转入独立运行，同时确保微电网在与主网解列后继续可靠运行，并确保解列后的微电网系统再故障时仍能够可靠切除故障元件。②在微电网正常并网运行的系统中，微电网内部的电气设备发生故障时，需要确保故障设备切除后微电网系统继续安全稳定地并网运行。③在微电网独立运行的系统中，微电网内部的电气设备发生故障时，需要尽量维持微电网稳定运行前提下，快速切除故障设备。

需要针对以上技术需求，研究新型的保护技术，以适应微电网这种全新的电网运行方式。微电网保护系统除了必须具备灵敏性、可靠性、快速性、选择性的特点外，还应具有以下特征：①能够同时对微电网内和微电网外故障响应。②出现在大电网中的故障，快速将微电网进入独立运行。③微电网内部的电气设备发生故障时，应确保故障设备切除后或是隔离尽量小的区域微电网系统继续安全稳定地并网运行。

微电网主要保护包括：①分布式发电和储能保护。用于保护微电网内分布式发电和储能装置。要求在微电网各种运行状态和三相不平衡条件下，能够准确检测同步机型、异步机型、逆变型的各种故障和包括被动孤岛在内不正常运行状态，并装设相应的过电流、过电压、过负荷、接地、反孤岛等保护装置保证发电机的安全。②自动重合闸。用于切除暂时性故障并恢复供电。要求能够与静态快速分离开关等其他保护装置协调工作。③纵联保护。考虑到微电网内多电源、多分支，含微电网的配电系统多分段、多微网等特点，采用多端信息的纵联比较式保护或纵联差动保护，达到区分微电网内部任意点短路与外部短路，有选择、快速地切除全线路任意点短路的目的。④静\态快速分离开关。用于将微电网和外部电网分离。为了最大限度地保护微电网内部的敏感负荷，降低电网电能质量问题对其的负面影响，对从并网切换到独立运行模式的时间要求静态快速分离开关在1/4~1/2工频周期以内完成分离。⑤其他保护。与目前保护基本一致的保护装置，如变压器保护等。

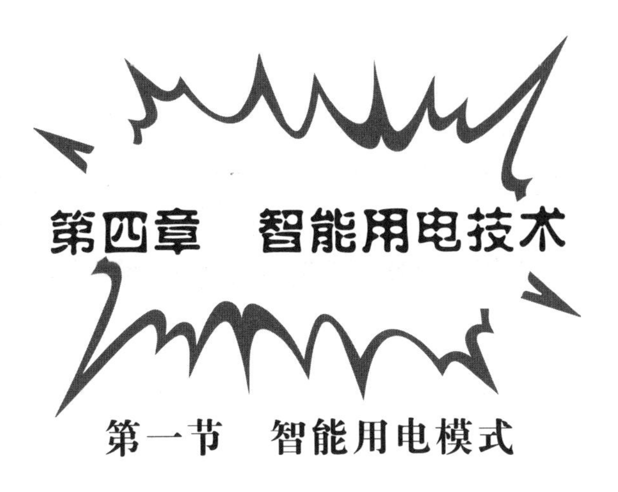

第四章 智能用电技术

第一节 智能用电模式

一、智能用电发展需求与内涵

随着国民经济的持续较快增长和人民生活水平的持续提高，我国电力需求呈现持续较快增长的态势，用户多元化服务需求日益明显，用户参与电网调节、节能减排的主动性日益增强。各类营销业务、服务项目面临双向互动的发展需求；随着客户侧分布式电源、储能装置、电动汽车的应用，供需双方能量流的双向互动也成为智能用电的重要特征。面对上述变化，基于传统营销机制和服务模式的原有用电技术体系已经不能完全适应新形势下的发展要求，需要进一步拓展用电服务内涵，采用大量新型技术，形成适应新条件、新形的智能用电体系模式。

（一）电力营销的发展趋势

1. 电力营销基本概念

电力营销是电网企业在不断变化的电力市场中，以满足人们的电力消费需求为目的，通过电网企业一系列与市场有关的活动，提供满足消费者需求的电力产品和相应的服务，从而实现开拓市场、服务社会的目标。电力营销的目标包括：对电力需求的变化做出快速反应，实时满足客户的电力需求；在帮助客户节能、高效用电的同时，追求电力营销效率的最大化，实现供电企业的最佳经济效益；提供优质的用电服务，与电力客户建立良好的业务关系，打造供电企业市场形象，提高终端能源市场占有率等。

为了更好地满足客户的需求，向客户提供更加优质的服务，电力营销涵盖多项基本业务，主要包括业扩报装、用电变更、电费管理、电能计量、用电检查、优质客户服务、需求侧管理等业务。

2. 电力营销发展趋势

随着电力营销数字化水平的不断提高，信息化进程的不断推进，电力营销技术支持系统也在不断地完善，电网营销工作逐步从用电“抄、核、收”粗放、简单的营销模式向精益化管理模式转变，现有的电力营销技术与管理水平已经比过去有了较大的飞跃，客户服务渠道更完善、营销业务范围更广泛、营销管理水平更精益、营销决策内容更精细。

随着智能电网建设的不断推进，作为智能电网功能中面向用户的重要环节，电力营销也将逐步进入全新的阶段，向智能用电方向发展。基于传统电力营销技术基础，突破灵活互动的用电互动化关键技术，构建灵活互动的智能供用电模式已经成为未来用电技术的发展趋势。具体表现为以双向、高速的数据通信网络为支撑，以分布式电源、电动汽车、智能电器安全可靠用电为基础，以建设灵活互动的智能用电服务体系为目标，实现标准规范、灵活接入、即插即用、友好开放的互动用电模式，实现电力流、信息流、业务流的高度融合，提升供电企业的服务水平，改善能源使用效率。

（二）智能用电面临发展需求

1. 适应用户与电网间电能量交互的趋势

随着世界范围内对新能源发展的广泛关注，用户侧小型分布式电源、储能装置及电动汽车等新型能量单元作为能源结构调整优化的重要方式，其发展受到越来越多的重视。由于上述新型能量单元可以与电网产生直接的电能量交互，并且具有分布广泛、数量众多、随机性强等特点，因此未来大规模应用情况下会对用电技术带来很大的技术挑战。

（1）小型分布式电源接入的有效管理

未来各类小型分布式电源可能会分散、灵活地建在居民小区、建筑物，甚至是每户家庭，不仅能在高峰时期为本地供电，还能根据需要向电网倒送电，因其发电特性具备随机性、间歇性等，会对配电网规划、能量调度、运行维护等电网企业业务环节产生较大影响，也会对电能质量、网络损耗、供电可靠性等造成重要影响。

合理接纳小容量分布式电源接入，一方面需要加强其本地化管理，可以纳入家庭能量管理系统、楼宇能量管理系统的管理范围内，有效监测其输出功率状态、负荷匹配情况；另一方面要注重与电网的信息交互，重视用户的上网收益，同时充分发挥分布式电源对电网的支撑作用。

（2）电动汽车充放电的有序管理

随着未来电动汽车保有量的提高，电动汽车车载电池如果能够作为分散式储能单元与电网进行合理的双向能量转换，将会对电网经济高效运行起到良好的辅助作用，但如果对电动汽车的充放电过程不加以合理引导而无序进行，则会对电网运行的安全性、可靠性、经济性等带来很大的压力。因此，电动汽车与电网的电能量交互模式，一定需要从单向无序充电模式过渡到单向有序充电模式，最后实现充电、放电两个方向的有序能量转换模式发展。

电动汽车与电网间的电能量双向友好交互，需要有效获取车辆能量状态、电网运行情况等信息，借助于一定的电价政策或引导措施，优化电动汽车蓄电池充放电策略，安排好充放电时间，发挥好对电网削峰填谷等方面的作用，同时有效降低用户电动汽车的用能成本。

(3) 分布式电源/储能元件/电动汽车充放电设施的即插即用

各类用户侧小型分布式电源、储能元件及电动汽车等新型能量单元实现与电网的电能量友好交互，首先需要实现上述新型能量单元可以方便、灵活地接入电网。因此，支持用户侧分布式电源、储能元件及电动汽车充放电设施即插即用的接入技术十分重要，需要把并网安全监测、无缝切换控制、双向计量、即时结算及信息模型标准化等技术进行高效集成，从并网控制装置、营销结算机制等各个方面支撑从小到大各种不同容量的分布式电源、电动汽车、储能装置等新能源新技术的即插即用式接入。

2. 提高终端电力用户用能效率

随着社会各界节能减排、保护环境意识的不断增强，政府部门、电网企业和电力用户已经开始逐步意识到，共同推动改变传统的用电模式及习惯，提高终端用电效率乃至用能效率，在满足同样用电功能的同时减少电量消耗和电力需求，节约社会资源和保护环境，是各方应尽的社会责任。

提高终端用户用能效率有三个层面需求：①对用户各类用能设备进行一定的技术改造或升级，从而提高设备本身的能量转化效率，例如高耗能设备的节能改造；②从终端用户自身的整体用能效率出发，通过对用户内部用能设备各类信息的采集、处理和分析，并借助一定的智能控制和人机交互手段，实现用户用能行为的精细化管理，即实现电力用户的用能管理；③从促进供电侧、需求侧的动态优化平衡，促进社会资源优化配置的角度出发，通过供需两方面信息的高效交互，配套一定的激励机制或电价政策，鼓励用户优化自身用电行为、主动参与供需平衡调节，进而提升发电、输配电等各类社会公共设施的运营效率，增强电力系统安全可靠运行水平，同时还可以在一定程度上减少客户的整体电费开支，使各参与方获得共赢。

3. 满足用户日益多元化用电服务需求

随着电力用户服务需求的升级，用户对电网企业的服务理念、服务方式、服务内容和服务质量不断提出新的更高的要求，需要用电服务体系、技术体系适应友好互动、便捷多样的服务需求，充分考虑客户个性化、差异化服务需求，实现能量、信息和业务的双向交互，不断提高服务能力，提升客户满意度。

（1）主动参与电力市场运作。随着未来客户侧分布式发电、储能设备、电动汽车的发展，用电客户可能转变为既向电网购电，又向电网卖电；在需求响应的广泛参与下，用户不再是单纯被动接受电源受电，还可能主动参与供需平衡调节。因此，未来用电服务技术需要适应用户主动参与电力市场运作的需求。

（2）灵活的信息订制。用户可以根据各自的需求，通过多种方式灵活订制供用电状况、电价电费、停复电、能效分析、社会新闻等信息，通过多种信息交互渠道实时获取所订制的信息。

（3）选择更加便捷多样、友好互动的电力营销服务。通过便捷、高效的信息交互手段，用户可以详细了解自身的电力消费情况，方便选择各类营销互动服务，享受多渠道缴费结算、故障报修、业扩报装、电动汽车充放电预约服务等多种电力营销服务。

（4）享受多种增值服务。通过电网企业的电力线载波通信信道、电力光纤到户等通信网络资源，以及相应的配套设备，实现家庭用电设备的统一管理控制，为用户提供多种网络服务资源。还可以助力社区智能化进程，实现物业管理、社区服务、社区公告、社区电话、可视门禁等智能化功能。

4. 提升电网企业运营效率

智能用电服务一方面是为电力用户提供灵活互动、友好开发的全方位、多元化服务，另一方面也有电网企业提升自身业务能力、提高资源运营效率的诉求。尤其是在海量用户信息、多项新型营销业务、电力市场机制转变等条件下，对智能用电技术也提出了更高的要求。

（1）加速形成电力营销现代化管理模式。电力营销业务是电网企业的核心业务之一，也是直接面向广大电力用户的业务环节。为适应智能电网条件下的诸多新条件、新要求，势必需要依托高级量测、高效控制、高速通信及信息化等手段，加大集约化发展、精益化管理、标准化建设力度，不断提升工作自动化、信息化、规范化水平，提高工作效率和效益。

（2）海量用户信息条件下的营销业务处理。随着电力用户用电信息的全采集、全覆盖进程的推进，目前相对集中的营销自动化支持系统建设模式，以及未来大量用户内部用能信息的采集处理和各类新型营销业务信息的承载处理，营销业务系统、用户用电信息采集系统等将会面临海量信息采集、处理、分析任务，如何高效处理海量用户信息，并开展有效的信息挖掘、高级分析决策，成为智能用电技术面临的重要挑战之一，也是提高电网企业营销管理能力、业务运营效率的关键之一。

（3）面向营销服务对象的业务资源优化管理。针对海量规模智能用电信息与大量并发用户接入、多种新型智能用电互动业务出现等情况，考虑到传统营销技术系统由于流程设计、信息安全、业务管理习惯等因素，尚不能很好地承载各类互动营销业务、互动服务项目和电能量友好交互，因此需要建立面向各类用户、兼容多种交互渠道、适应互动化业务流程、支持各类应用系统高效集成的智能用电互动化统一支撑环境，实现各类智能用电互动业务资源的优化管理。另外，传统配电台区管理与终端用户管理之间相对脱节的情况，导致营业、配电两条线的情况普遍存在，因此未来需要贯通配电台区到终端用户的营配业务一体化分析与管理，提高营配信息融合和业务集成水平，更好地服务于终端用户。

（4）提高电网安全可靠运行水平，提升电网资产运营效率。目前，我国电力需求尚处于相对较快增长的发展阶段，电网的供电能力和安全可靠运行水平在相当长一段时间内都将面临较大压力，发电和供电设备利用效率也相对较低，传统的仅依靠扩大电厂容量、加快电网建设来满足用电增长的相对粗放发展模式已经不能适应时代的要求。在智能电网新环境、新条件下，如何合理利用、有效调度分布式电源、电动汽车等资源，充分调动各类用户作为需求侧资源的优化调节作用，提高发/供电设备利用效率，促进电网安全可靠运行水平，也是智能用电技术面临的重要任务。

（三）智能用电的内涵和特征

1. 智能用电的内涵

智能用电体系建设要依托坚强智能电网和现代化管理理念，利用智能量测、高效控制、高速通信、储能等技术，实现电网与用户能量流、信息流、业务流实时互动，构建用户广泛参与的新型供用电模式，不断提升供电质量和服务品质，提升智能化、互动化服务能力，逐步提高资产利用率、终端用电效率和电能占终端能源消费的比重，逐步实现“互动服务多样、市场响应迅速、接入方式灵活、资源配置优化、管理高效集约、多方合作共赢”的智能用电服务目标，满足我国经济社会快速发展的用电需求，达到科学用电和节能减排的目的，推动资源节约型社会建设。

2. 智能用电的特征

智能用电的主要特征为灵活互动、节能高效、安全可靠、技术先进、友好开放等。

（1）灵活互动。实现电网与用户之间能量流、信息流和业务流的双向交互，为电力用户提供智能化、多样化、互动化的用电服务，建立即插即用、灵活互动的供用电模式。

（2）节能高效。智能用电技术的广泛应用，可以有效提高清洁能源接纳和利用效率，提升终端用能效率，优化用户用电行为，产生显著的节能、低碳效益。

（3）安全可靠。为用户提供更为可靠的电力供应，提供更为优质的电能质量，同时还可以有效指导用户科学用电、安全用电的行为。

（4）技术先进。智能用电广泛应用于高级量测、智能控制、混合通信、信息处理、储能等先进技术领域，是多种先进技术的综合应用和展示载体。

（5）友好开放。充分发挥电网资源的社会资源属性，充分利用电网资源为用户提供便捷、友好、开放的增值服务。

二、智能用电业务模式

（一）智能用电业务类别

智能用电的核心特征是灵活互动。按照智能用电互动业务承载的内容，可以分为信息互动服务、营销互动服务、电能量交互服务和用能互动服务四类业务。

1. 信息互动服务

信息互动服务是智能用电互动业务中的基础服务。信息互动包括两方面含义：①供电企业根据客户对信息查询的订制要求，借助于网站、互动终端、手机等多种方式，向客户提供用电状态、缴费结算、电价政策、用能策略建议等多种信息；②用户可以通过网站、互动终端、热线电话等多种渠道将自身信息传送给供电企业，如业扩报装信息、故障报修信息、举报建议信息等。

2. 营销互动服务

营销互动服务是智能用电互动业务中的基础专业服务。营销互动是指通过互动终端、95598 服务网站、95598 服务热线、智能营业厅、自助服务终端等多种服务渠道，为客户提供多样化的营销服务渠道和服务方式，支持业扩报装、投诉、举报与建议、用电变更、故障处理、故障抢修及多渠道缴费等电力营销业务。

3. 电能量交互服务

电能量交互服务是智能用电互动业务中的高级专业服务，是指为具备电能量双向流动条件的分布式电源、储能装置、电动汽车等提供便捷的接入服务，实现包括双向计量计费、保护控制、智能调配等在内的服务功能，支持电能量的友好交互。

4. 用能互动服务

用能互动服务是智能用电互动业务中的高级专业服务，是指以优化用户用能行为、提高终端用能效率为目标的相关服务业务。包括用户用能设备管理与控制、用能诊断与优化策略、自动需求响应等业务，为优化用户用能模式、实现供需优化平衡提供技术服务手段。

（二）智能用电业务之间的关系

智能用电互动业务实质是一体化运作的，是信息流、业务流和电力流实现双向互动的表现形式。信息互动服务是信息流双向互动的表现形式，也是其他类别互动服务的基础，不论营销互动服务、电能量交互服务还是用能互动服务，都需要借助供电企业与用户之间的信息双向交互实现；营销互动服务是“信息流+业务流”双向互动的表现形式，借助于多元信息交互手段和营销支持系统，实现电力营销业务的渠道多样化和服务人性化，同时也为电能量交互、用能互动提供营销业务支持；电能量交互服务和用能互动服务都是“信息流+业务流+电力流”双向互动的表现形式，以供需双方的信息交互为基础，以多样化、人性化的营销服务为保障，借助用能智能决策与控制相关系统，智能用电各类互动业务之间的关系实现供需双方之间电力流的友好交互。

（三）智能用电业务的实现模式

智能用电互动化可以有多种实现渠道、实现模式，例如可以通过95598门户网站、数字电视、自主终端、智能交互终端、智能电能表、智能手机等手段，利用互联网络、电话、邮件等多种途径给用户提供灵活多样的交互方式，实现用户的现场和远程互动，为用户提供各类型智能用电互动业务。

在现场互动方式中，目前比较主流的实现方式包括智能交互终端、智能营业厅等。远程互动方式中，比较主流的是95598互动服务网站、手机、电话等方式。

三、智能用电技术模式

（一）总体实现模式

智能用电技术实现模式架构可分为用户层、高级量测系统及终端层、智能用电业务的总体实现过程；通过高级量测终端实现各类用户的信息采集、信息交互和相关控制，借助高级量测系统实现用电信息的采集、分析与管理，并为其他系统提供基础用电数据；通过智能用电互动化支撑平台的信息集成总线，实现各类互动业务所需信息的集成、共享；借助智能用电互动化支撑平台的业务服务总线，集成需求响应、用能管理等各专业应用系统，同时为各类互动渠道提供统一的接入支持，从而形成支持四类互动业务、直接面向供电公司和电力用户的统一业务支撑环境。

上述技术实现模式考虑到目前国内用电信息采集系统已经大规模推进，相对应的营销业务流程、管理机制等都已成熟，因此不宜再对其进行大规模改造来承载各类新型的智能用电互动业务；另外，考虑到互动业务接入渠道多样化等情况对信息安全等方面带来的影响，也适宜建立一套与传统营销业务相对独立的互动化支撑环境。

（二）高级量测系统及终端

高级量测体系（Advanced Metering Infrastructure，简称 AMI）是用来测量、收集、储存、分析和运用用户用电信息的网络处理系统，由安装在用户端的智能电能表、采集终端等装置，位于供电公司内的数据分析管理系统和连接它们的通信系统组成。

AMI 的概念是“舶来品”，在国外观点中，AMI 除了用电信息采集等基础模块外，还包括需求响应、分布式电源接入管理、营销互动服务等各类互动应用，可以等同于整个智能用电体系。但国内的用电信息采集系统已经大规模推进，相对应的营销业务流程、管理机制等都已成熟，考虑到信息安全管理机制等因素，宜考虑基于已有建设基础的平滑演进方式。

1. 高级量测终端

（1）智能电能表

①智能电能表在智能用电技术实现模式中的作用。在智能用电技术实现过程中，智能电能表承担着电能数据采集、计量、传输及信息交互等任务。举例来说，智能电能表在智能用电技术体系中的支撑作用可以表现在：智能用电环节的各项高级分析及控制离不开更多类别、更详细用户用电信息的支撑，智能电能表就是获得这些信息的基础；分布式电源、电动汽车的发展，以及灵活电价机制（如阶梯电价、分时电价、实时电价等）的实施带来的双向计量、分时段计量计费等需求都须通过智能电能表来实现。

另外需要说明的是，智能电能表是否直接支持各类互动业务（例如可以显示互动信息、支持家庭用能管理等），在这个问题上现在国内还未形成统一的认识。学术领域讨论的智能电能表一般是直接承载各类互动业务；还有一种观点是在目前国内已经开展的智能用电实践中普遍采用的，即从信息安全、投资成本等角度出发，将智能电能表定位为用户用电基础信息的采集设备，其他高级互动功能则由另外的终端设备（例如智能用电交互终端等）来承载。

②智能电能表的主要功能。以下介绍的智能电能表的主要功能，是基于目前国内智能用电研究实践中普遍采用的功能配置模式，即不承载具体智能用电互动业务。智能电能表主要功能除传统计量、计费功能外，根据应用场景还包括以下主要功能：提供有功电能和无功电能双向计量功能，支持分布式电源接入；具备电能质量、异常用电状况在线监测、诊断、报警及智能化处理功能；适应阶梯电价、分时电价、实时电价等多种电价机制的计量计费功能，支持需求响应；具备预付费及远程通断电功能；具备计量装置故障处理和在线监测功能；可以进行远程编程设定和软件升级。

（2）智能用电交互终端（交互网关）

智能用电交互终端（简称交互终端）是一种可以承担信息交互、信息展现、智能分析控制，并承载多种智能用电互动业务的智能终端。

①交互终端在智能用电技术实现模式中的作用。交互终端是高级量测体系中的重要基础单元，在整个智能用电技术体系中承担着用户终端“信息交互窗口”“业务操作平台”及“用能管理平台”的重要作用。

信息交互窗口是交互终端的基础作用，例如可以接受供电公司发布的电价信息、停电信息等各类信息或主动查询相关信息，还可以展现本地数据的分析结果，如电量不足报警、节能分析等；业务操作平台是交互终端的基本作用，借助于交互终端可以完成多种智能用电互动业务的操作执行，例如可以实现需求响应控制、远程缴费、电器控制等；用能管理平台是交互终端的高级应用，可以对用户用能情况和用电设备进行统一监测、分析与管理，可以实现客户侧分布式电源接入、电动汽车充放电等电能量交互业务的管理等。

②交互终端的主要功能。交互终端的功能目前还未形成统一认识，而且由于用户需求的多元化、电力营销机制的差异化，以及承载智能用电互动业务的不同，交互终端所支持的功能也应该体现灵活选择、柔性扩展的特点。一般来说，交互终端可以集成以下功能：信息查询功能，如查询电量、电费等信息；信息发布功能，如发布停电、电价信息等；营销服务功能，如缴费、报修、反馈等；用能管理功能，如用能监测、节能分析等；用户内部设备管理与控制功能，如需求响应控制、智能家电/智能插座信息采集与控制等；分布式能源接入、电动汽车充放电管理功能；增值服务功能，如社区管理，以及烟火报警等家庭安全防护功能等。

2. 高级量测系统

高级量测系统可以划分为用电信息采集和高级计量管理，可以实现用户用电信息采集与监控，可以及时、完整、准确地为其他业务系统提供基础用电信息数据，同时可以实现智能电能表等量测设备的智能化管理与柔性升级等高级应用。

（1）用电信息采集

①用电信息采集在智能用电技术实现模式中的作用。用电信息采集主要实现电力用户用电信息采集、处理和监控，采集不同类型用户的电能量数据、电能质量数据、负荷数据等信息，实现用电信息自动采集、计量异常和电能质量监测、用电分析管理，一方面满足传统营销需求，另一方面为互动业务系统提供基础用电信息。可以说，用电信息采集是智能用电技术架构中的核心基础环节。

②用电信息采集的主要功能。用电信息采集可以按照设定的日期和时间，以实时、定时、主动上报等方式，采集不同类型用户的电能数据、电能质量数据、负荷数据、工况数据、事件记录数据等信息，实现自动抄表管理、费控管理、预付费管理、有序用电管理、电费电价分析、用电情况统计分析、信息发布等功能。

（2）高级计量管理

①高级计量管理在智能用电技术实现模式中的作用。高级计量管理通过获取各类量测设备（包括智能电能表、采集终端等）运行数据、监测数据，实现各类量测设备的自动化检定检测、远程柔性升级、全寿命周期管理等高级应用管理。可以说，用电信息采集是通过各类量测设备实现用户用电信息的采集，而高级计量管理则是对这些量测设备进行智能化管理。高级计量管理的应用是量测设备运行质量可控、能控的重要保障。

②高级计量管理的主要功能。高级计量管理可以实现各类量测设备及其数据的智能化管理与应用，主要包括量测设备远程自动检定检测、设备运行数据管理、设备质量分析、设备可靠性分析、设备远程升级控制、设备检修管理等专业应用功能。

（三）需求响应与用能管理

智能用电互动业务中，用能互动服务的地位十分重要，是优化供需平衡、提供终端用能效率的重要内容。其中，需求响应和用能管理是重要的实现载体，属于智能需求侧管理的范畴。

1. 需求响应

需求响应（DR）是指通过一定的价格信号或激励机制，鼓励电力用户主动改变自身消费行为、优化用电方式，减少或者推移某时段的用电负荷，以优化供需关系，同时用户获取一定补偿的运作机制。可以说，需求响应本质上是一种基于用户主动性，以电力资源优化配置为目标的市场运作机制。

（1）需求响应在智能用电技术架构中的作用。需求响应是用电环节与其他各环节实现协调发展的重要支撑技术，是智能用电技术架构中的高级应用部分。各类终端电力用户、用电设备，包括客户侧分布式电源（含储能设备）、电动汽车等，相对于电网侧来看，都可以当作需求侧资源。需求响应作为用户（需求侧资源）参与供需平衡调节的重要途径，强调供需双方的互动性，重视电力用户的主动性，综合供需两方面信息来引导用户优化用电行为，可以实现缓和电力供求紧张、节约用户电费支出、提高电网设备运营效率等优化目标。

（2）需求响应的技术实现。需求响应的实现，需要先进的量测、营销、信息通信、控制等方面的技术支持，涉及电力市场、电网优化调度与运行、智能决策等方面的理论研究，需要电价政策、激励机制、能源政策等宏观政策，可以说，需求响应是个复杂的系统级问题。

在智能用电技术架构中，需求响应支持系统通过互动支撑平台，获取高级量测系统提供的需求侧信息，获取电网运行监控系统提供的电网运行信息，在整合供需两方面信息的基础上生成需求响应的执行计划、范围和策略并下达到用户，用户通过交互终端或其他控制设备自动或手动完成响应行为，并将响应信息进行反馈，由支持系统完成响应效果评价，并借助营销业务系统实现需求响应结算。

2. 电力用户用能管理

电力用户用能管理通过用户用能信息的采集、分析，为用户提供用能策略查询、用能状况分析、最优用能方案等多种用能服务，可以为能效测评和需求侧管理提供辅助手段。

（1）电力用户用能管理在智能用电技术架构中的作用。电力用户用能管理是优化用户用能行为，提高用电效率、降低用能成本、减少能源浪费的重要手段，是智能用电技术架构中的高级应用部分。用能管理与需求响应都属于需求侧管理领域，二者既有共同点和关联性，同时也具有各自的定位。

需求响应与用能管理都是以优化电力用户用能行为作为目标，但需求响应侧重于通过改变用户用电行为来实现供需双方优化的动态平衡，用能管理则是偏重于用户内部用能行为的精细化管理，以此来优化用户用能行为、提高自身用能效率。就二者关联性而言，用户参与需求响应项目离不开用能管理系统的支持，需要通过用能管理系统确定用户内部用电设备的具体控制策略来实现响应行为。

（2）电力用户用能管理的主要功能。电力用户用能管理主要是借助于智能用电交互终端、智能插座、各类传感器等智能设备及互联互通网络，实现对用户内部用能、环境、设备运行状况及新能源等信息的及时采集、传递和分析管理。主要功能包括：用户用能信息的采集，为用户提供用能状况分析、用能优化方案等多种用能管理服务功能；提供内部各类智能用电设备的控制手段；可以对用户各类用能系统能耗情况进行监视，找出低效率运转及能耗异常设备，对能源消耗高的设备进行一定的节能调节；实现分层、分类的能耗指标统计分析功能；为能效测评和需求侧管理提供辅助手段。

第二节 用户用电信息采集

一、高级量测体系

国外在 20 世纪 80 年代中期开始研究和应用远方抄表技术，即应用 AMR（Automatic Meter Reading）。该技术利用当时主要的通信技术手段，如无线通信技术、电力线载波通信技术等来远程完成用电信息采集任务。AMR 主要服务于电力营销中的“抄、核、收”问题。随着新型信息通信技术、电力芯片、信息安全技术等的快速发展，以及清洁能源接入、需求响应、节能减排等方面的现实发展需要，我国从 21 世纪开始逐渐推行高级量测体系（AMI），利用现代通信技术手段，实现用电信息的实时抄收和信息双向通信，同时为用户侧分布式电源接入、电动汽车的充电及监控提供条件，为优化能源管理提供基础信息。

高级量测体系是实现供需双方信息交互的基础，是用来测量、收集、储存、分析和运用用户用电信息的完整的网络处理系统，由安装在用户端的智能电能表、采集终端，位于供电公司内的量测数据分析管理系统和连接它们的通信系统组成。其显著特点：基于开放式的双向通信网络，可以灵活、准确地订制远程读取信息的时间间隔，采集的信息量更加全面，支持多种电价机制，支持量测设备的高级管理，可以远程实现软/硬件升级，支持用户用电自动化，集成停电管理、需求响应等高级应用等。

二、用电信息采集系统技术基础

用电信息采集系统是对电力用户用电信息采集、处理和实时监控，采集不同类型用户的电能数据、电能质量数据、负荷数据等信息，实现用电信息的自动采集、计量异常和电能质量监测、用电分析和管理。可以说，用电信息采集是作为智能用电技术体系中的核心基础环节，为营销业务自动化、智能用电互动服务、各类电能量交互业务、需求响应等各方面提供用电相关数据信息，为推进双向互动营销、快速响应客户需求、提升客户体验、优化营销业务奠定基础。

用电信息采集主要包括系统数据采集、数据管理、控制、综合应用、运行维护管理、系统接口等方面的功能。简单来说，用电信息采集可以按照设定的日期和时间，以实时、定时、主动上报等方式，采集不同类型用户的电能数据、电能质量数据、负荷数据、工况数据、事件记录数据等信息，实现自动抄表管理、费控管理、预付费管理、有序用电管理、电费电价分析、用电情况统计分析、信息发布，以及系统的自身运行维护、与外部系统接口等功能。

用电信息采集系统作为智能用电管理、服务的技术支持系统，为管理信息系统提供及时、完整、准确的基础用电数据，可以说用电信息采集是一种集成技术，智能电能表、通信网络等都是其中十分核心的支撑技术。本节侧重于从系统层面介绍用电信息采集技术，包括系统架构、主站设计、建设模式等方面。由于用电信息采集的技术内容十分庞大，限于篇幅这里只能做简单介绍。

（一）用电信息采集系统架构

1. 逻辑架构

逻辑架构主要从用电信息采集实现的逻辑关系角度对用电信息采集系统从主站、信道、终端等层面进行逻辑分类。

用电信息采集系统的逻辑架构说明：

（1）用电信息采集系统在逻辑上分为主站层、通信信道层、采集终端设备层。系统通过接口的方式，统一与营销应用系统和其他应用系统进行接口。

（2）主站层分为业务应用、数据采集、数据库管理三部分。业务应用实现系统的各种应用业务逻辑；数据采集负责采集终端的用电信息、协议解析，以及对带控制功能的终端执行有关控制操作命令；数据库负责信息存储和处理。

（3）通信信道层是为主站和终端的信息交互提供链路基础，分为远程通信和本地通信，分别提供采集终端至系统主站间的远程数据传输通信、采集终端至采集对象（智能电能表）之间的通信。

（4）采集终端设备层主要收集和提供整个系统的原始用电信息，负责各信息采集点的电能信息的采集、数据管理、数据传输及执行或转发主站下发的控制命令。采集终端设备层可进一步分为终端子层和计量设备子层。终端子层（如集中器）是收集用户计量设备的信息，处理和冻结有关数据，并实现与上层主站的交互；计量设备子层（如智能电能表）是实现各类终端采集点的用电信息采集。

2. 物理架构

系统物理架构是指用电信息采集系统实际的网络拓扑构成，从物理上可根据部署位置分为主站、通信信道、现场终端三部分。

用电信息采集系统的物理架构说明：

（1）主站网络的物理结构包括前置采集服务器和营销系统服务器两部分。前置采集服务器主要包括前置服务器、工作站、GPS 时钟、安全防护设备等相关的网络设备；营销系统服务器由数据库服务器、磁盘阵列、应用服务器等设备组成。

（2）通信信道是指系统主站与终端之间的远程通信信道，主要包括电力光纤专网、GPRS/CDMA/5G 无线公网、230MHz 电力无线专网等。

（3）采集设备是指安装在现场的终端及计量设备，主要包括专用变压器终端、集中器、采集器及智能电能表等。

（二）系统主站设计基本原则

1. 硬件设计

（1）用电信息采集主站硬件设计基本原则。①充分利用已有资源的原则。用电信息采集系统主站的硬件设备投资额度很大，需要综合考虑现有的硬件资源，在继承现有资源的基础上进行设计。②充分考虑未来需求的原则：要考虑未来可能的需求，注重硬件的可扩展性，便于以后的升级和性能提升。③高度重视安全性。要充分考虑系统安全因素，重视安全设备的设计和投入。④充分考虑技术经济性。不仅要考虑技术先进性、可靠性，还要充分注重硬件投入的经济性。

（2）数据库服务器。数据库服务器承担着系统数据的集中处理、存储和读取，是数据汇集、处理的中心。数据库服务器的设计应通过集群技术手段满足系统的安全性、可靠性、稳定性、负载及数据存取性能等方面的指标要求。

集中式电能信息采集与管理系统总体规模较大，工作站并发性访问众多，要求采用高性能的存储设备来满足系统性能、规模及存储年限等指标。存储设备一般可以采用存储域网络（SAN）结构的磁盘阵列以方便数据库服务器集群的扩展，配置双控制器以具备负载均衡能力，需要满足部件和电源模块的可热插拔条件，同时能够根据要求进行灵活方便的在线、不间断、动态的扩展。

（3）应用服务器。应用服务器主要运行后台服务程序，进行系统数据的统计、分析、处理及提供应用服务。应用服务器的设计应通过集群技术保障系统的可靠性和稳定性，通过负载均衡技术保障系统的负载及工作站并发数据等性能指标要求。对于较大规模的系统，可以采用应用服务器集群并选择合适的集群模式，以提高性能。

（4）前置服务器。前置服务器是系统主站与现场采集终端通信的唯一接口，所有与现场采集终端的通信都由前置服务器负责，所以对服务器的实时性、安全性、稳定性等方面的要求较高。

对于前置服务器一般应该具有分组功能以支持大规模系统的集中采集，采用双机以主辅热备或负载均衡的方式运行保证安全性，根据接入系统的信道不同采取不同的安全防护措施，需要根据接入终端数量合理设计前置服务器的接入容量，对于较大规模的系统，一般需要采用前置服务器集群并选择合适的集群模式。

（5）接口服务器设计基本原则。接口服务器主要运行接口程序，负责与其他系统的接口服务，需要满足系统的安全性、可靠性、稳定性等要求。

2. 软件设计

用电信息采集系统的软件设计需要遵循可用性、安全性、可靠性、可伸缩性和扩展性的基本原则，需要充分考虑到用电信息采集系统业务种类多、应用环境复杂的特点，以及需要满足信息发布、功能扩展等需求，因此系统软件宜采用分布式多层架构体系，选用结构化设计和面向对象设计的方法。一般可以考虑采用 J2EE 企业平台架构搭建，在部分模块中也可以根据实际情况采用其他技术。用电信息采集系统软件可以分为数据层、服务层、应用层和表现层四个层次。

（1）数据层。数据层主要完成采集数据、档案数据、参数数据等的存储，为系统提供数据的管理支持，一般采用大型商用数据库。采用数据中间层对关系型表结构进行封装，各应用只需要调用数据中间层的应用函数接口，就能以对象方式访问数据库，而无须关心数据库的实现形式和库表结构。

（2）服务支撑层。服务支撑层是指为应用提供显示、管理等各种中间公共服务，并实现本系统专用的业务逻辑服务，为业务应用层提供通用的技术支撑。公共服务偏向于通用的服务，而不像应用层是偏向于解决业务领域的问题。各种公共服务包括数据访问服务、图形服务、消息服务、告警服务、权限服务和报表服务等。系统服务一般采用中间件组件的方式实现，引入面向服务的体系结构（SOA）原则，将各种细粒度的服务进行有效编排，生成供各种应用使用的粗粒度服务。

（3）业务应用层。业务应用层主要完成用电信息采集相关业务的应用，实现具体业务逻辑，包括数据采集、数据管理、各类业务功能应用和对外业务接口等。由于部署在不同地区的用电信息采集系统规模有大小、功能有侧重点，因此业务应用层的设计宜采用跨平台和基于组件的分布式系统，通过不同硬件平台的混合配置和不同应用组件的拆分组合来组建出满足最终用户的不同系统。基于应用层的基本特点，一般可以采用 EJB（Enterprise Java Bean）组件方式实现。符合 EJB 规范的 EJB 组件可以在任意 J2EE 平台上运行，可以有效地满足可移植性。

（4）表现层。表现层主要是提供统一的业务应用操作界面和信息展示窗口，是系统直接面向操作用户的部分。结合用电信息采集系统的业务特点，采用 B/S（浏览器/服务器）体系架构，遵循 J2EE 的多层分布式架构思想和 Struts MVC 框架，在 J2EE 平台基础上进行开发。

（三）系统主要功能

用电信息采集系统（简称系统）的主要功能包括数据采集、数据管理、综合应用、运行维护管理、系统接口等。

1. 数据采集功能

根据不同业务对采集数据的要求，编制自动采集任务，包括任务名称、任务类型、采集群组、采集数据项、任务执行起止时间、采集周期、执行优先级、正常补采次数等信息，并管理各种采集任务的执行，检查任务执行情况。

（1）采集数据类型。采集的主要数据类型：总电能示值、各费率电能示值、总电能量、各费率电能量、最大需量等电能数据，电压、电流、有功功率、无功功率、功率因数等交流模拟量，开关状态、终端及计量设备等工况信息数据，电压、功率因数、谐波等电能质量越限统计数据，终端和电能表等记录的事件记录数据，预付费信息等。

（2）信息采集方式。主要采集方式有三种：①定时自动采集方式，按采集任务设定的时间间隔自动采集终端数据，当定时自动数据采集失败时，系统应有自动及人工补采功能，保证数据的完整性；②随机召测数据方式，根据实际需要可以随时人工召测数据，可以供特定事件分析；③主动上报数据方式，在全双工通道和数据交换网络通道的数据传输中，允许终端主动启动数据传输过程，将重要事件立即上报主站，以及按定时发送任务设置将数据定时上报主站。

（3）采集数据质量统计分析。检查采集任务的执行情况，分析采集数据，发现采集任务失败和采集数据异常，记录详细信息。统计数据采集成功率、采集数据完整率。

2. 数据管理功能

（1）数据合理性检查。提供采集数据完整性、正确性的检查和分析手段，发现异常数据或数据不完整时自动进行补采。提供数据异常事件记录和告警功能；对于异常数据不予自动修复，并限制其发布，保证原始数据的唯一性和真实性。

（2）数据计算分析。根据应用功能需求，可通过配置或公式编写，对采集的原始数据进行计算、统计和分析。例如，电能质量数据统计分析，计算电能损耗、母线不平衡、变损，以及按照区域、用户类别、时间跨度等属性进行各类统计分析等。

（3）数据存储管理。采用统一的数据存储管理技术，对采集的各类原始数据和应用数据进行分类存储和管理；对外提供统一的实时或准实时数据服务接口；提供数据备份和恢复机制。

（4）数据查询。支持各项数据的综合查询，提供各类组合条件方式来查询相应的数据信息。

3. 控制功能

系统通过对终端设置负荷定值、电量定值、电费定值及控制相关参数的配置和下达控制命令，实现功率定值控制、电量定值控制和电费定值控制等功能；系统也可以直接向终端下达远程直接开关控制命令，实现遥控功能。

（1）功率定值控制。功率控制方式包括时段控、厂休控、营业报停控、当前功率下浮控等。系统根据业务需要提供面向采集点对象的控制方式选择，管理并设置终端负荷定值参数、控制开关轮次、控制开始时间、控制结束时间等控制参数，并通过向终端下发控制投入和控制解除命令，集中管理终端执行功率控制闭环控制。控制参数和控制命令下发应有操作记录。

（2）电量定值控制。电量定制控制方式主要为月电量定值闭环控制。系统根据业务需要提供面向采集点对象的控制方式选择，管理并设置终端月电量定值参数、控制开关轮次、控制开始时间、控制结束时间等控制参数，并通过向终端下发控制投入和控制解除命令，集中管理终端执行电量控制闭环控制。控制参数和控制命令下发应有操作记录。

（3）费率定值控制。系统可向终端设置电能量费率时段和费率及预付费控制参数，包括购电单号、预付电费值、报警和跳闸门限值，向终端下发预付费控制投入或解除命令，终端根据报警和跳闸门限值分别执行告警和跳闸。

（4）远方控制。系统主站可以根据需要向终端或电能表下发遥控跳闸或允许合闸命令，控制用户开关；可以向终端下发保电投入命令，保证终端的被控开关在任何情况下不执行任何跳闸命令，可以向终端下发别除投入命令，使终端处于剔除状态，此时终端对任何广播命令和组地址命令（除对时命令外）均不响应。

（5）综合应用功能。①自动抄表管理。系统可以根据采集任务的要求，自动采集系统范围内电力用户电能表的数据，获得电费结算所需的用电计量数据和其他信息。②预付费管理。预付费管理需要由系统主站、采集终端、电能表等多个环节协调执行，实施方式有主站实施、采集终端实施、电能表实施三种形式。其中，主站实施预付费管理是由主站根据用户的预付费信息和剩余电费信息，当剩余电费等于或低于报警门限/跳闸门限值时，由主站下发催费告警命令或跳闸控制命令；采集终端实施方式和电能表实施方式则是由主站将预付费相关基础信息、控制参数下发到采集终端或电能表，当需要对用户进行控制时，下发相应的报警或跳闸控制命令，由采集终端或电能表根据报警和跳闸门限值分别执行告警和跳闸命令。③有序用电管理。系统可以根据有序用电方案管理或安全生产管理要求，编制限电控制方案，对电力用户的用电负荷进行有序控制。功率控制方式包括时段控、厂休控、营业报停控、当前功率下浮控等。执行方案确定参与限电的采集点并编制群组，确定各采集点的控制方式，负荷定值参数、控制开关轮次、控制开始时间、控制结束时间等控制参数。④用电综合统计分析。系统可以对大量用户用电基础信息进行深度挖掘分析，实现多种用电统计分析功能。支持负荷特性分析、负荷率分析、三相不平衡度分析等多种综合用电分析功能的实现；分析地区、行业等历史负荷、电能量数据，找出负荷变化规律，为负荷预测提供支持；通过对采集数据的当前值和历史值之间的比对，支持异常用电分析功能；实现电能质量数据统计分析、配电各环节损耗分析等功能。

（6）运行维护管理功能。系统具备系统对时、权限和密码管理，终端参数管理、档案管理、通信和路由管理，运行状况管理，维护及故障记录、报表管理、安全防护等运行维护管理相关的功能。

（7）接口功能。系统应按照统一的接口规范和接口技术，实现与营销业务应用系统连接，接收采集任务、控制任务及装拆任务等信息，为抄表管理、有序用电管理、电费收缴、用电检查管理等营销业务提供数据支持和后台保障。同时，系统还可与其他应用系统连接，实现数据共享、业务交互等目的。

（四）建设模式

1. 主站建设部署模式

用电信息采集系统的主站部署方式应综合系统服务用户的规模、覆盖范围大小、内部信息网络基础条件等因素，合理选择部署模式。主站部署分集中式部署和分布式部署两种类型。

（1）集中式部署模式

集中式部署是在某一较大范围内（例如某一个省/直辖市/自治区）仅部署一套主站系

统，使用一个统一的通信接入平台，直接采集范围内的所有现场终端和表计，集中处理信息采集、数据存储和业务应用。下属的各地区（如地级市/州）不设立单独主站系统，通过电力信息网络统一登录访问用电信息采集系统主站，根据各自权限访问数据和执行本地区范围内的运行管理职能。集中式部署方式主要适用于用户数量相对较少（如小于500万用户规模）、覆盖面积不特别大、企业内部信息网络坚强的地区。

集中式部署模式下，需要在系统主站部署完整的软件架构，包括数据层、服务支撑层、业务应用层和表现层。下属地区由于没有独立的主站系统，只是通过电力信息网访问系统，因此只须部署表现层。对于无法实现通信信道统一接入的情况，某些信道可以作为通信子层在下属地区完成。

（2）分布式部署模式

分布式部署是在某一较大范围内（如某一个省/直辖市/自治区）的下属各地区（如地级市/州）分别部署一套主站系统（可以称为下级主站系统），独立采集本地区范围内的现场终端和表计，实现本地区信息采集、数据存储和业务应用。上级地区也部署一套主站系统（可以称为上级主站系统），通过电力信息网络从各下属地区抽取相关的数据，完成汇总统计和监管业务应用。分布式部署模式主要适用于用户规模大（如大于500万用户规模）、覆盖面积广、企业内部信息网络相对薄弱的地区。

分布式部署模式下，下级主站系统承担较为完整的用电信息采集业务，因此需要部署完整的软件架构，包括数据层、服务支撑层、业务应用层和表现层。对于上级主站系统，数据层主要存储的是从各下级主站系统抽取的汇总统计信息和部分重点客户档案信息，业务应用层则不需要部署数据采集等功能，表现层主要是满足业务需要的访问功能，可以访问上级系统提供的业务，也可以直接访问各下级系统的业务层。

2. 居民用户用电信息采集模式

用电信息采集的对象种类很多，大致可以分为大型专用变压器用户、中小型专用变压器用户、一般工商业用户及居民用户等几类。其中居民用户的用电信息采集具有用户数量大、覆盖范围广、通信条件差等特点，因此居民用户的用电信息采集是建设的难点和重点之一。下面针对居民用户的用电信息采集模式进行介绍。

居民用户用电信息采集一般是以公用配电台区为采集单位，通过集中器采集该配电台区各个居民用户的用电信息，再通过远程通信信道将所辖的用户用电信息传给系统主站，并接受主站的各项管理控制命令。根据本地信道条件、智能电能表功能的不同，居民用户的用电信息采集可以有以下两种模式：

（1）集中器直接到电能表，配电变压器台区的集中器与具有载波通信模块（或RS-

485 通信等其他方式）的电能表直接交换数据，集中器与电能表的抄表数传通信主要采用低压电力线载波技术，电能表内需要内置载波通信接口（通称载波表）。

（2）集中器+采集器+RS-485 表，在配电台区范围内由采集器通过 RS-485 方式采集若干用户的用电信息，以表箱或楼层等为单位实现小范围集中，由集中器与各个采集器进行数据交换，实现配电台区范围内的用电信息采集。这种方式对本地通信信道的选择较多，除去低压电力线载波方式外，还可以采用微功率无线通信等方式。

第三节 智能小区与智能楼宇

一、智能小区

智能小区是通过综合运用现代信息、通信、计算机、高级量测、能效管理、高效控制等先进技术，满足居民客户日趋多样化的用电服务需求，满足电动汽车充电、分布式电源、储能装置等新能源、新设备的接入与推广应用需求，实现小区供电智能可靠、服务智能互动、能效智能管理，提升供电质量和服务品质，提高电网资产利用率、终端用能效率和电能占终端能源消费的比重，创建安全、舒适、便捷、节能、环保、智能、可持续发展的现代居住示范区。

（一）智能小区基本情况

1. 功能定位

智能小区的建设出发点包括：电网灵活开放，支持新能源新设备接入；客户广泛参与，用电需求自由响应；立足节能减排，能源资源最优配置；实时友好互动，服务方式便捷多样；多方合作共赢，经营领域不断拓展。

智能小区的功能定位包括核心功能和拓展功能两大类。核心功能是指智能小区中与电能输送、使用和服务相关的功能，主要包括用电信息采集、互动用电服务、智能配电台区管理、电动汽车充电和分布式电源接入；拓展功能是指充分利用智能小区的信息通信资源，实现核心功能以外的延伸性功能，主要包括社区管理、智能家居、服务“三网融合”等。

智能小区的建设模式并不具备唯一性，而是应根据当地实际业务需求和技术经济现状，因地制宜地选择建设内容。一般而言，用电信息采集、智能配电台区等由于其在智能小区中的基础性作用，应作为重点建设内容；分布式清洁能源应用和互动用电服务可作为推荐建设内容；电动汽车充电站、智能家居、增值服务等可根据情况酌情开展。

2. 建设原则

智能小区建设的几点参考原则：①通过优化低压电网结构、提高装备水平、部署自动化装置，确保电网控制系统和客户用电系统安全，提供更加安全可靠的电力供应。②通过用电信息采集、交互终端设备、双向通信网络及各类互动渠道，实现电网与客户双向交互，提供多样化的供电服务。③优化调整客户用电行为，实现能效智能化管理，提高终端用能效率。④支持新能源、新设备接入，提高清洁能源利用效率。⑤开展增值服务，深化商业运营模式研究与实践，制定有效的激励措施和管理机制，探索适合智能小区可持续发展的商业运营模式。⑥智能小区建设对通信基础条件、电网基础设施条件等要求较高，先期尤其适合在基础设施条件较好、影响辐射能力较强、用户需求多元化、负荷构成多样化的社区开展。

（二）智能小区系统构成

智能小区系统的基本架构方案。由于智能小区建设模式的多样化特性，其功能配置、通信组网方式等也根据实际情况会有所不同。

（三）主要建设内容

1. 用电信息采集

用电信息采集系统通过采集终端、智能电能表、智能监控终端等设备，实现智能小区范围内用户（包括居民电能表、分布式电源计量电能表等）的用电信息进行实时采集、处理和监控，可以支持用电信息的自动采集、计量异常监测、电能质量监测、用电分析和管理、相关信息发布、分布式电源监控等多项功能。

2. 小区用户用能管理

小区用户用能管理是通过智能传感器、智能插座、智能交互终端等智能终端设备获取用户内部用能信息，通过一定的信息挖掘、分析，为用户提供用能策略、能效管理、科学用电和安全用电服务等，达到提高能源利用效率、科学用电、安全用电、提高电能占终端用能比例等目的。主要包括用户用能信息采集、用能信息分析、用能控制等功能。

3. 小区用户需求响应管理

小区用户需求响应是指通过智能交互设备、95598 互动网站、手机等渠道，向用户提供当前电网供需信息、检修计划及用电策略和建议，改善小区用户用电模式，引导用户科学用电，实现避峰填谷，高效使用电能的目的。主要包括供需信息发布、供需平衡策略与响应策略制定、用户负荷响应等内容。

4. 电动汽车充/放电管理

电动汽车充电管理系统对充电桩运行状态进行实时监控，并与用电信息采集等系统进行信息交互，通过柔性充电控制技术的应用，完成对充电桩充电控制；根据电网负荷情况，合理安排充电时段，实现电动汽车有序充电。未来根据电价政策、技术条件，可以逐步过渡到电动汽车充电、放电过程的有序管理，更好地发挥电动汽车对电网的支持作用。主要包括充电补给、充/放电状态监测、计量计费、充放电有序控制等内容。

5. 分布式电源接入管理

分布式电源与储能管理是指通过合理配置储能装置，同步部署双向计量、控制装置及分布式电源与储能管理系统，综合小区能源需求、电价、燃料消耗、电能质量要求等，结合储能装置，实现小区分布式电源就地消纳和优化协调控制。主要实现分布式电源和储能装置的灵活接入、并网监测与控制、双向计量计费、优化运行等功能。

6. 互动营销服务

互动营销服务是通过自助终端、智能交互终端、电脑、电话、手机等设备，借助95598互动网站、短信、语音、邮件等多种渠道，实现多种便捷、灵活的电力营销服务业务。主要包括停电计划、实时电价、用电政策、用户用电量、电费余额或剩余电量，以及分布式电源和电动汽车充电桩运行状态等信息查询，多渠道电费缴纳，以及故障报修、业扩报装、用电变更、服务订制等多种营销服务业务受理等功能。

7. 增值服务

借助于智能小区的信息系统、通信网络和各类智能终端设备，可以为小区用户提供更为丰富的增值服务。主要包括服务“三网融合”；智能家居服务、社区服务。

服务“三网融合”，利用智能小区高速、可靠的统一通信网络，实现电信网、广播电视网、互联网的三网信源接入小区通信网络，并开展相关业务，服务“三网融合”；智能家居服务：基于家庭内部部署的各类传感器和互联互通网络，实现对家庭用能、环境、设备运行状况等信息的快速采集与传递，实现智能家电控制、三表抄收、视频点播、家庭安全防护等智能家居服务；社区服务：接收物业公司提供的社区内部信息、房间信息、用户信息等查询，还可以具备设备维护、事件通知等功能。

二、智能楼宇

智能楼宇是信息时代和计算机技术应用的重要产物，通常基于若干管理与自动化系统，如楼宇自动化、通信自动化、办公自动化系统等来实现。这些系统通常独立工作，但随着计算机技术、网络技术和用户管理需求的发展，对楼宇智能化的要求日益提高，因而需要综合集成各子系统信息，在硬件设备的基础上通过计算机通信网络建立起一个具有高度开放性、兼容性、便利性的智能楼宇集成系统。

（一）智能电网条件下的智能楼宇

随着智能电网概念的提出，智能用电的研究及实践工作不断发展，以及低碳环保、清洁能源利用等宏观需求，在传统智能楼宇概念和技术基础之上，新的智能楼宇概念更加强调楼宇的能量智能化管理和供用电增值服务，结合建筑光伏一体化、冷（热）储存、电蓄冷（热）、多能源互补等多种先进节能技术、清洁能源技术，进而实现办公楼宇的用能服务、自动化控制、多网集成业务管理、安全防范等各方面的高度集成，为用户提供安全、舒适、便捷、节能、可持续发展的工作和生活环境。

（二）主要建设内容

（1）楼宇内主要用能设备装设采集现场信号的各类传感器、量测装置和执行机构，例如智能电能表、光强传感器、热工表、电能质量监测装置、控制单元等，动态感知楼宇内各类用能设备实时状态。

（2）按照供电回路、楼层等分类依据，适当位置安装智能量测设备，测量各类负荷和各楼层的用电情况，包括电能及电能质量等用能数据。

（3）因地制宜开展建筑光伏、储能装置、电动汽车充电设施、冷（热）储存、电蓄冷（热）等建设内容，并在保证楼宇正常用能需求的条件下，以实现低碳节能为核心目标来进行楼宇内的能量优化管理与控制。

（4）传统楼宇控制中的各类项目，例如电梯监控、暖通空调控制、照明控制、给排水控制等。

（5）根据技术经济性比较结果，可选择在楼宇内低压线路通道中铺设光电复合缆，应用无源光网络技术，为电视、电话、数据三网融合接入提供支撑。

（6）楼宇安全防护系统，包括电视监控系统、防盗报警系统、门禁一卡通、巡更系统、无线对讲系统和停车场管理系统等。

（7）通过楼宇智能交互终端、信息交互网关等智能终端设备，借助电力通信网络、无线公网、Internet 网络等通信信道，实现智能楼宇系统与外部系统的信息交互，支持能效远程评测、需求响应等高级功能。

（8）智能用电楼宇综合管理系统，以网络集成、数据集成、软件界面集成、功能集成等一系列系统集成技术为基础，整合楼宇智能化设备及管理系统，实现楼宇用能管理、楼宇自动化控制、通信系统、安全防范系统、内外部信息交互、效果展示等功能的集成应用。

第四节 智能用电服务互动化关键技术基础

一、需求响应

（一）需求响应概述

1. 需求响应的概念与内涵

需求响应是指通过一定价格信号或激励机制，鼓励电力用户主动改变自身消费行为、优化用电方式，减少或者推移某时段的用电负荷，以确保电网电力平衡、保障电网稳定运行、促进电网优化运行的运作机制。可以说，需求响应本质上是一种基于用户主动性，以电力资源优化配置为目标的市场行为。它是电力需求侧管理的实现形式之一。

需求响应是用电环节与其他各环节实现协调发展的重要支撑环节。按照能量流动方向，电网可以划分为发电、输电、变电、配电和用电等各个环节，从终端电力用户角度来看，除用电环节外的发电、输电、变电、配电等各环节都可看作供应方，在用电环节中的各类电力用户、用电设备，包括客户侧分布式电源（含储能设备）、电动汽车等都可以看作需求侧资源。需求响应作为用户（需求侧资源）参与电力市场调节的重要途径，强调供需双方的互动性，重视电力用户的主动性，综合供需两方面信息来引导用户优化用电行为，实现缓和电力供求紧张、节约用户电费支出、提高电网设备运营效率等方面的综合优化目标。

2. 主要类别

按照需求侧（终端用户）针对市场价格信号或激励机制做出响应并改变正常电力消费模式的市场参与行为，需求响应实施项目一般可以分为基于价格和基于激励两类。基于价格型需求响应是指用户当接收到电价上升的信号时减少电力需求，而在其他时段则享受优惠电价；基于激励型需求响应是指用户在系统需要或电力紧张时减少电力需求，以此获得直接补偿或其他时段的优惠电价。在实际执行中，这两种类型的需求响应是相互补充、相互渗透的。基于价格型需求响应的大规模实施可以减少电价波动及电力储备短缺的严重性和频率，从而减少激励型需求响应发生的可能性。

基于价格的需求响应是指用户根据收到的电价信息，根据自身情况主动调整电力需求，包括分时电价（TOU）、实时电价（RTP）、尖峰电价（CPP）等实施类型。基于价格的需求响应一般是由实施方发布电价信息（或由政府监管机构制定），用户完全是根据自身意愿选择是否改变用电消费行为。

基于激励的需求响应是由实施机构根据电力系统供需情况制定响应策略，用户在系统需要或电力紧张时减少电力需求，以此获得直接补偿或其他时段的优惠电价，包括直接负荷控制（DLC）、可中断负荷（IL）、需求侧竞价（DSB）、紧急需求响应（EDR）、容量市场项目（CMP）、辅助服务项目（ASP）等实施类型。基于激励的需求响应一般是通过事先签订协议合同的方式来约束双方的需求响应实施行为。

另外，电力需求响应根据电力的紧张程度不同，又可分为可靠性需求响应和价格需求响应两大类。可靠性需求响应是在电力高度紧张时以保证电网安全为主要目的；而价格需求响应是在电力相对紧张时通过价格上调来影响用户的消费行为，从而避免电力高度紧张局面或电力危机的出现。

3. 实施的基础条件

需求响应的实现，需要先进的量测、营销、信息通信、控制等方面的技术支持，涉及电力市场、电网优化调度与运行、智能决策等方面的理论研究，需要电价政策、激励机制、能源政策等宏观政策，可以说需求响应的实施是个复杂的系统级问题。

一般来说，实施需求响应需要的支撑条件主要包括电价机制、激励机制、需求侧用电信息、供应侧运行信息、营销业务支持、控制技术支持、决策技术支持等方面。在智能用电技术体系中，需求响应通过高级量测系统获得需求侧各类用电信息，通过电网调度系统等电网运行监控系统获得供应侧运行信息，通过统一数据平台整合各类信息，需求响应分析控制与仿真支持系统从统一数据平台中提取所需信息生成响应策略并下达到用户（或者通过更新电价信息引导用户响应），用户可以通过交互终端或其他控制设备实现需求响应控制。

（二）需求响应关键技术基础

1. 需求响应业务信息流程

需求响应总体业务信息流程主要包括实施前期工作、事件决策规划、事件信息交互、用户侧响应执行及执行效果评价与结算等环节。

（1）需求响应项目实施前期工作。项目前期首先由需求响应实施方选定参与用户进行谈判并签订合同，明确各自约束、收益等，并将参与用户的分组位置信息、项目设置信息、装置配置信息、基本负荷信息等作为属性信息整合进入需求响应支持系统。

（2）需求响应事件智能决策。需求响应支持系统通过信息共享平台从电网运行监控系统、高级量测系统等及时获取供需两侧动态信息，调用供电侧需求响应智能决策算法库来自动或辅助制定事件策略，并调用动态仿真算法库来模拟仿真执行效果，按照既定审核流程通过后，将事件信息下发。

（3）需求响应信息自动交互。需求响应事件计划在执行过程中，一方面需要将事件信息、调整信息等通过多种可选渠道自动、及时地下发到用户侧，另一方面需要用户在收到事件信息后及时返回是否参与该事件的信号（用户手动操作回复或由交互装置按照预先设定条件自动回复）。事件执行过程中还须定期监测用户执行情况，为响应效果评价和结算提供依据。这部分交互主要针对激励型需求响应项目，对电价型项目则不需这个环节。

（4）用户侧响应。用户侧收到需求响应事件信息后，由用户用能管理系统或智能控制终端等根据用户选定的需求响应控制模式，调用用户侧需求响应智能决策控制方法，生成具体的响应策略，由用户侧系统/装置自动（同时支持手动方式）执行。

（5）执行效果评价与结算。需求响应事件结束后，支持系统根据获取的用户执行情况信息，调用效果评价算法库自动得出响应效果评价结果，再根据合同约定的奖惩机制得出结算方案，由智能用电互动化支撑平台的信息总线将结算信息传送到营销业务系统来完成自动结算。

2. 需求响应经济学原理

需求响应无论是价格型还是激励型，都离不开对电力用户经济性的引导作用，需求响应能够实施的基础原理便是其经济学原理。需求响应项目的关键影响因素是电力需求价格弹性的大小，同时需求响应对电力市场稳定效应的作用也体现在对长期需求弹性的提升。

弹性是指两个参数之间的相关系数。通常所说的电力需求弹性是指电力需求与自身价格之间的相互关系，电力需求弹性对需求响应项目的设计与实施来说非常关键，这一参数为测定和预计市场价格变化将带来的需求调整规模提供了一种工具。然而，计算电力需求弹性是件比较困难的事情，对消费者个体而言，不同主体的电力需求弹性不尽相同，此外，电力需求弹性也会随着家庭或产业收入、新能源替代的潜力、电力与其他商品和服务的相对价格等因素的改变而改变，这一参数的度量需要综合考虑不同的市场划分、不同的用户属性及大量的市场调查等各种因素的影响，通过集成和加权平均的方法计算得到。

矩阵中，对角线元素表示自弹性系数，副对角线元素为对应的交叉弹性系数。矩阵中的列表示某时段价格的变化量对其他时段负荷的影响。在对角线上的非零元素表示用户面对高价格做出提前消费的反应。对角线下的非零元素表示用户延迟消费以避免高价格时期的消费。如果用户在所有时段中都有能力重新计划其用电，则非零元素将变得离散。重新安排用电方式意味着用户减少了在一些时段的电力消费，而增加了其他时间的消费量。

3. 信息通信技术

（1）精细化的传感技术，需求响应若要实现自动化智能化，首先需要的便是全面而准确的数据支撑，包括电力系统运行信息、用户侧用电设备负荷信息以及天气气象的自然环境信息。

（2DR 主站与其他相关系统之间交互技术，DR 主站系统在制订具体的 DR 计划时，电力系统运行信息、电力调度信息、用电信息采集系统的用电信息、各种环境信息等，都需要发送至 DR 主站系统进行统一的处理与分析，而这便需要 DR 主站与配电自动化系统、调度系统、营销管理系统、用电信息采集系统等多个相关系统进行信息双向交互。对于需求响应所涉及的主站系统与其他相关系统之间主要通过以以太网为主的信息通信网。①DR 主站系统与电力用户之间。电力供应侧制订的 DR 计划，包括实时电价、分时电价等多种电价信息，DR 计划实施的起始时间、持续时间、需要削减量，以及补偿机制等信息都需要传输到用户侧以供用户参考，而用户同意响应后的反馈信息需要反馈回供电侧，从而进行补偿要求，这些便涉及 DR 主站系统与用户之间的信息双向交互。对于主站系统与用户之间的信息交换则更主要通过电力线载波、5G/GPRS、光纤通信或 230MHz 电力专用无线专网等技术实现。②电力用户与用户内部用电设备之间。用户参与响应后对其本地的各类可控负荷实行的调节控制指令需要传输至被控负荷。上述种种需求响应计划实施过程中的信息传输过程无不需要通信技术的支撑，也无一不是双向化通信技术的体现。用户内部控制中心与各可控用电设备之间因工商业或普通居民用户性质的不同而丰富多样，除最为传统的以太网技术以外，应用于电力需求响应中的主要还有 5G/GPRS/CDMA、230MHz 电力专用无线网络（中国特有）、Zighee、蓝牙、Wi-Fi、电力线载波、光纤通信等方式。

由于各个环节所传输的数据格式、数据内容、数据容量不尽相同，所采用的通信方式也千差万别，然而为了需求响应更好地实施与发展，应该制定相应的通信技术标准。目前，国外已经设计出了一套完整的通信协议标准，以更好地促进需求响应自动化的进程，称为 OpenADR，描述了一个开放的基于标准通信数据模型来促进电力公共事业单位或独立系统运营商与电力用户之间通过需求响应价格和可靠信号进行公共信息的交换，定义了一种通信数据模型，通过预先安装和编程的控制系统对事件信号做出相关的反应，使需求响应事件及对应用户侧措施自动完成。

4. 智能决策与自动控制技术

（1）智能的决策技术

智能的决策技术是需求响应技术的核心与灵魂，没有智能化的决策，自动化便无从谈起，只有实现 DR 决策的智能化，才能真正实现 DR 的自动化。智能决策在需求响应的整个实施过程中有三个层次，即主站级、子站级与用户侧。

①主站级。主站级智能决策主要指部署在省级或市级电力公司的需求响应管理主站系统，从全局角度统一管理当地需求响应计划的制订与实施。通过统一综合主站电力系统运行数据、用电信息采集系统的电力负荷预测数据、外界天气环境数据、电力市场买入价与销售价格信息等，构建多目标组合优化数学模型，设计合理的智能决策算法，最终输出宏观的需求响应计划内容，包括哪一个子站级系统在何时要削减多少负荷、持续多长时间等，以及对应的电价或激励补偿信息等。

②子站级。子站级智能决策主要指介于系统主站与最终用户之间的包括如变电站、配电所或配电台区等在内的区域性管理系统，从局部角度管理本地需求响应计划的制订与实施。通过接收到主站所发送来的需求响应计划指令信息，结合本地系统运行数据、天气环境数据、用电信息采集数据、所辖用户可控负荷数据、已签订需求响应计划的合同数据等，设计合理的优化模型与对应的决策算法，制订出面向用户（或下一级子站）的需求响应计划，包括各个用户在何时削减多少负荷、持续多长时间等，并为用户计算出通过参与本次需求响应计划所能获得的大致收益水平，一并传输至用户侧。这里要说明的一点是，需求响应系统的部署方案也可以直接由主站对用户侧实现扁平化交互，而无须构建子站系统，这种情形下主站级与子站级功能将合二为一。

③用户侧。用户侧智能决策主要指电力用户内部的智能化决策系统，对用户内部各用电设备的具体调控方案进行优化设计。用户门户网关接收到上级主站所发送来的需求响应计划指令信息，结合本地所有用电设备的可控属性，通过智能决策算法依托不同的优化为用户设计出若干种典型响应模式，如经济型则以最大化用户经济收益为主要优化目标，舒适型则以最小化用户感受程度为主要优化目标，普适型则通过更改部分用电设备用电时间为优化目标，而安全型也以保证部分特殊用电设备的电力供应为优化目标，用户根据自身当前所处环境与状态选择某种典型模式实现参与，用户侧智能决策系统最终将通过先进控制技术对用电负荷进行调节，从而自动化地参与需求响应计划。

（2）先进的控制技术

需求响应的目的是要通过一定的机制引导用户调整用电方式从而在特定时间内降低电力负荷，因此需求响应的最终落脚点必定是用电负荷的控制与调节，若不能真正落实在最终的用电设备控制上从而降低负荷的话，精确的计量、标准的通信与智能的决策便都是徒劳，需求响应的目的最终也无法实现，因此先进控制装置技术是保证需求响应计划顺利实施的末端支撑技术。

过去用电设备都是由用户人工进行开关控制或功率调节，但这种控制方式的实时性、调节精度、可靠性与安全性均受到很大的限制，随着DR项目的开展与推进，越来越需要对负荷进行高精度、高时效、高可靠的控制，同时嵌入式技术、短距离无线通信技术、电子技术及传感计量技术等多种技术的发展也使其成为可能。

电力负荷控制主要有三类方式：①开断式或称0/1式，即非开即断。如智能插座便是一种最为简单的电力负荷先进控制装置。②离散可调式，即设备有若干种离散的运行状态。对其实现DR控制，便是从一种高能耗状态调节到另外一种相对低能耗状态的控制方式，如大型灯光系统负荷，可将全部灯具打开、部分灯具打开等若干种运行状态。③连续可调式，即用电设备的运行状态可连续调节。可对其负荷实现平滑调节，DR控制时可以在其负荷范围内依照DR计划的负荷削减需求进行平滑调节，如空调系统的温度调节、灯光系统的光照强度调节或旋转系统的转速调节，都属于此种控制方式。

二、电力用户用能管理

（一）电力用户用能管理概述

1. 概念与内涵

电力用户用能管理（也可称为用户侧能量管理，简称用能管理）是优化用户用能行为，提高用电效率和电能占终端用能比例，降低用能成本、减少能源浪费的重要手段。通过用户用能信息的采集、分析，为用户提供用能策略查询、用能状况分析、最优用能方案等多种用能服务，可以为能效测评和需求侧管理提供辅助手段；还可为用户侧的分布式电源、储能元件和电动汽车充放电设施等提供运行和管理手段，促进清洁能源利用效率的提高。充分体现智能电网在节能减排、指导客户科学用电和安全用电等方面的作用。

2. 用能管理系统主要类型

电力用能管理系统按照管理对象可以分成家庭能量管理系统（HEMS）、建筑能量管理系统（BEMS）、企业能量管理系统（EEMS）等类型。用能管理与智能电网中可视化技术、需求响应技术、能效管理策略等相结合，为用户提供合理的用能管理手段，支持社会节能及需求侧管理目标。

（二）电力用户用能管理技术基础

1. 用户用能可视化

用能可视化是通过用户侧的智能电能表、智能交互终端、智能插座、各类传感器等设备感知、测量、捕获用户用电、设备状态等各类信息，并依托互联互通的通信网络进行传递，实现用户用能行为的可视化展现，从而使用户及时获取自身用能信息并相应地改进自身用能行为。

经过国内外近年来对用能可视化的研究实践，通过用能信息的可视化展现可以有效提高终端用户能效，并且具有成本低廉、便于实施等优势，可以不依赖于复杂的设备和高额的投资。同时，用能可视化及分析的结果，需要与用户进行充分的信息互动，才能发挥价值；并且用能可视化不仅是对用户用能数据的简单展示，而是力求掌握数据背后所蕴含的规律和信息，只有这样才能充分体现用能可视化的作用。

用能可视化的主要展示内容包括：①不同时间段的耗电量、自发电量、买卖电量、电价电费、二氧化碳排放量等信息。②可以按照用能区域、时间跨度等不同设定条件展示用户用能的各类曲线。③用户侧分布式电源、储能装置的输出功率情况、储能容量等信息。④用户近期用能情况在类似用户中的对比分析，如排名、同组均值、最小值、最大值等。⑤用户年度用能在类似用户中的情况对比分析。⑥用户自身近期和同期用能情况对比分析。⑦提高能效的相关建议。

2. 用户能效监测与管理

用户能效监测与管理的对象可以认为是影响能源总量消耗、能源利用效率的相关因素，主要是针对用户能源消耗、用能成本、能效指标、用能设备状态等进行全方位的信息监测和管理，一般针对大型电力用户开展。

用户能效监测与管理的主要内容包括：①实时监测用户能源系统运行状况。通过对单位各种能源消耗的监控、能源统计、能源消耗分析、重点能耗设备管理、能源计量等多种手段，实时统计各部分能耗及费率，使管理者及时掌握能源成本比重、发展趋势。②用能系统节能运行管理。对用能系统能源消耗情况进行记录和分析，包括各相负荷情况、运行效率、功率因数、电能质量、电能损耗等状况，为管理者提供实时决策分析、优化用电的可靠依据，找出能源使用的缺陷，使用能系统处于经济运行状态。③故障报警、远程诊断及处理。准实时监控、记录单位各重点能源消耗及电能质量情况，实现状态报警、超限报警，尽早发现设备隐患和电能损耗点，掌握早期故障信息，及时做好预防检修等相关工作。④能效指标比对与能效评估。通过系统提供的评估模型，结合能耗标准数据、电力消耗数据、设备消耗数据等指标进行分时段对比，对用能系统进行能效评估。为节能指标的制定与考核、节能改造项目的评定提供依据。⑤能源使用成本管理。实现能源消耗信息的统计与管理，自动生成能源消耗信息的统计图形、曲线和报表，对能源消耗进行精细化分析，对历史能源使用数据的对比、分析。⑥用户所属供配电网络的节能运行分析。根据供配电网络的具体情况和准实时数据，提供节能运行管理的方案和措施，并为管理人员提供辅助决策工具。

3. 用能管理系统

电力用户用能管理需要专业的支持系统实现。用能管理系统由各计量装置、智能传感器、控制执行设备、通信信道和主站组成，可以分为终端用能设备层、控制与传输层、运行管理层、管理与决策层等层次。

系统可以通过智能电能表、智能插座（带计量装置）、热工表等计量装置获得用户内部各类用能设备的用能信息，通过用户内部通信信道将用能信息汇总到智能用电交互终端，由交互终端通过通信信道（例如 GPRS、互联网、电力光纤专网等）将信息上传至主站，由主站进行分析决策后将用能状况分析、最优用能方案等信息下发到智能用电交互终端（或用户联网的计算机等），帮助用户实现科学、合理地用能。

电力用户用能管理的主要功能包括：①实现用户用能信息的采集，为用户提供用能状况分析、用能优化方案等多种用能管理服务功能。②为电力用户提供控制内部各类智能用电设备的技术手段。③实现用户侧分布式电源、储能装置、电动汽车充放电等的运行管理。④可以对用户各类用能系统能耗情况进行监视，找出低效率运转及能耗异常设备，对能源消耗高的设备进行有效的节能运行调解控制。⑤实现分类能耗统计分析、分项能耗统计分析及各项能耗指标的统计分析功能。⑥为能效测评和需求侧管理提供辅助手段。

三、智能用电互动化支撑平台

智能用电互动化支撑平台（简称互动支撑平台）是智能用电技术架构中的核心内容之一，是实现各类智能用电互动业务的综合支撑平台，提供数据信息支撑、互动业务支撑、用户交互支撑三大支撑功能，支持服务信息互动、营销业务互动、用能服务互动、电能量交互四类互动业务。

（一）技术概况

1. 业务集成技术

互动支撑平台基于统一的业务模型，将需求响应、用能管理等各类互动业务支持系统进行业务集成，将网站门户、智能交互终端、智能营业厅、手机、自助终端等多种互动渠道进行统一接入管理，从而形成直接面向供电公司和用户的统一业务支撑平台，支持信息互动、营销业务互动、电能量交互、用能互动等各类业务。

2. 信息集成技术

互动支撑平台基于统一、规范的信息模型，合理抽取并有机整合高级量测系统、智能用电交互终端、电网运行监控系统等所提供的基础信息，同时为智能用电互动业务提供基础的信息交换和接口服务，供各系统实现统一便捷的存取访问、标准化交互和共享，提高信息资源的准确性和利用效率。

（二）主要功能

1. 信息集成功能

与营销信息系统、用电信息采集系统、用户用能信息采集系统、分布式电源信息采集系统及电动汽车管理信息采集系统等主要信息采集系统的数据库实现安全无缝对接，基于这些数据库进行数据统一接入、海量数据挖掘、数据模型统一、业务数据抽取、数据安全分区等功能实现。

2. 业务集成功能

实现与用能管理业务系统、需求响应系统、营销业务系统、负荷控制与管理系统、分布式电源管理系统及电动汽车充电桩管理系统等多种智能用电业务系统进行对接，对其所集成系统提交的业务请求，按照该业务的统一规则进行处理。如果需要其他业务应用系统处理，则调用路由引擎，将该业务转到相应的应用系统进行处理，实现用户需求业务的自动识别与转发、业务需求任务的下发、业务需求数据库的选择、业务系统数据分发、可视化统一管理等功能。

3. 交互渠道管理功能

主要与智能营业厅、客户端系统、95598 热线系统、用户服务网站等多种用户交互渠道实现对接，并进一步由这些渠道通过自助服务终端、智能交互终端、电话、互联网设备等相关渠道接入设备，实现与电力用户的交互，并针对不同的互动渠道，实现多种交互方式接入的统一支持、大规模用户并发接入的处理、用户接入的交互数据分析、业务系统相关数据信息的多渠道分发等功能。

4. 平台管理功能

主要实现用户权限与安全管理、系统时间管理、档案管理、通信路由管理、维护故障记录管理、自身数据库管理、可视化人机交互界面管理等功能。

第五章 电力安全管理

第一节 电力安全生产常识

一、安全生产常识基本概念

（一）安全、危险、风险

安全与危险是相对的概念。

安全：字面解释，无危则安，无缺则全，就是指生产系统中人员免遭不可承受危险的伤害。

危险：就是系统中导致发生不期望后果的可能性超过了人们的承受程度。

风险：当危险暴露在人类的生产活动中时就成为风险。风险不仅意味着危险的存在，还意味着危险有发生渠道和可能性。

（二）本质安全

本质安全是指设备、设施或技术工艺含有内在的能够从根本上防止发生事故的功能。

本质安全是安全生产管理的最高境界。目前，由于受技术、资金及人们对事故原因的认识等因素限制，还很难达到本质安全。本质安全是我们追求的目标。

（三）事故、电力安全事故、事故隐患

事故：是指生产、工作中发生意外损失或灾祸。

电力安全事故：是指电力生产或者电网运行过程中发生的影响电力系统安全稳定运行或者影响电力正常供应的事故（包括热电厂发生的影响热力正常供应的事故）。

安全生产事故隐患：简称“事故隐患”，是指安全风险程度较高，可能导致事故发生的作业场所、设备及设施的不安全状态、非常态的电网运行工况、人的不安全行为及安全

管理方面的缺失。

事故隐患随时有可能引发事故。根据可能造成的事故后果，事故隐患分为重大事故隐患和一般事故隐患两个等级。

重大事故隐患是指可能造成人身死亡事故，重大以上电网、设备事故，由于供电原因可能导致重要电力用户严重生产事故的事故隐患。

一般事故隐患是指可能造成人身重伤事故，一般电网和设备事故的事故隐患。

（四）缺陷

缺陷：运行中的设备或设施发生异常，虽能继续使用，但影响安全运行，均称为缺陷。

根据严重程度，缺陷可分为危急、严重和一般缺陷。

危急缺陷：设备或设施发生了直接威胁安全运行并须立即处理的缺陷，否则，随时可能造成设备损坏、人身伤亡、大面积停电、火灾等事故。危急缺陷处理期限不超过 24 小时。

严重缺陷：对人身或设备有重要威胁，暂时能坚持运行但须尽快处理的缺陷。严重缺陷处理期限不超过 7 天。

一般缺陷：上述危急、严重缺陷以外的缺陷，指性质一般，情况较轻，对安全运行影响不大的缺陷。一般缺陷年度消除率应在 90% 以上。

电力设备缺陷和事故隐患的关系：超出设备缺陷管理制度规定的消缺周期仍未消除的设备危急缺陷和严重缺陷，即为事故隐患。根据其可能导致事故后果的评估，分别按重大或一般事故隐患治理。

（五）安全生产方针

安全第一、预防为主、综合治理。

（六）安全生产责任制

安全生产责任制是按照“安全第一、预防为主、综合治理”的生产方针和“谁主管、谁负责”“管生产必须管安全”的原则，规定企业各级负责人、各职能部门及其工作人员和各岗位生产人员在安全生产方面应做工作和应负安全责任的一种管理制度，是电力企业各项安全生产规章制度的核心，同时也是企业安全生产中最基本的安全管理制度。

多年来，电力企业始终坚持并不断完善以行政正职为核心的安全生产责任制。公司系统各级行政正职是安全第一责任人，对本企业的安全生产工作和安全生产目标负全面责任，负责建立健全并落实本企业各级领导、各职能部门的安全生产责任制；各级行政副职是分管工作范围内的安全第一责任人，对分管工作范围内的安全生产工作负领导责任，向行政正职负责。这一制度不仅明确了各级负责人（包括公司、车间、班组）是本单位安全生产的第一责任者，而且对各岗位工作和生产人员应承担的安全职责提出了要求，把安全工作“各负其责、人人有责”从制度上固化。

通过建立健全安全生产责任制，把安全责任落实到每个环节、每个岗位、每个人，增强各级人员的责任意识，充分调动全员工作的积极性和主动性，保障安全生产。

（七）安全生产两个体系

两个体系是指电力安全生产的保证体系和监督体系。

电力企业安全生产保证体系由决策指挥、执行运作、规章制度、安全技术、设备管理、政治思想工作和职工教育六大保证系统组成。在安全保证体系中有三大基本要素，即人员、设备、管理。人员素质的高低是安全生产的决定性因素，优良的设备和设施是安全生产的物质基础和保证，科学的管理则是保证安全生产的重要措施和手段。安全保证体系的根本任务，一是造就一支高素质的职工队伍；二是提高设备、设施的健康水平，充分利用现代化科学技术改善和提高设备、设施的性能，最大限度地发挥现有设备、设施的潜力；三是不断加强安全生产管理，提高管理水平。安全保证体系是电力安全生产管理的主导体系，是保证电力安全生产的关键。

电力系统实行内部安全监督制度，自上而下建立机构完善、职责明确的安全监督体系。各级企业内部设有安全监察部，它是企业安全监督管理的独立部门；主要生产性车间设有专职安全员；其他车间和班组设有专（兼）职安全员。企业安全监督人员、车间安全员、班组安全员形成的三级安全网构成了电力企业的安全监督体系。安全监督体系具有安全监督和安全管理的双重职能：一方面是运用行政和上级赋予的职权，对电力生产、建设全过程实施安全监督，这种监督职能具有一定的权威性、公正性和强制性；另一方面又可以协助领导抓好安全管理工作，开展各项安全活动，具有安全管理的职能。

安全保证体系的职责是完成安全生产任务，保证企业在完成生产任务的过程中实现安全、可靠。安全监督体系的职责是对生产过程实施监督检查权，直接对企业安全第一责任者或安全主管领导负责，监督安全保证体系在完成生产任务过程中的执行情况，是否严格遵守各项规章制度、落实安全技术措施和反事故技术措施，以保证企业生产的安全可靠。安全保证体系和安全监督体系都是为实现企业的安全生产目标而建立和工作的，是从属于安全生产这一系统工程中的两个子系统，两个体系协调、有效地运作，共同保证企业生产任务的完成和安全目标的实现。

（八）建设项目“三同时”

生产经营单位新建、改建、扩建工程项目（以下统称建设项目）的安全设施，必须与主体工程同时设计、同时施工、同时投入生产和使用。

（九）四不伤害

不伤害自己，不伤害别人，不被别人伤害，保护他人不受伤害。

（十）确保安全“三个百分之百”

确保安全“三个百分之百”要求的内容是：确保安全，必须做到人员的百分之百，全员保安全；时间的百分之百，每一时、每一刻保安全；力量的百分之百，集中精神、集中力量保安全。

（十一）安全抓“三基”

安全抓“三基”指的是：抓基层、抓基础、抓基本功。

（十二）“全面、全员、全过程、全方位”保安全

“全面、全员、全过程、全方位”保安全的含义是：每一个环节都要贯彻安全要求，每一名员工都要落实安全责任，每一道工序都要消除安全隐患，每一项工作都要促进安全供电。

（十三）安全管理“四个凡事”

“四个凡事”是指：凡事有人负责，凡事有章可循，凡事有据可查，凡事有人监督。

（十四）安全“三控”

安全“三控”指的是：可控，能控，在控。

（十五）作业现场“四到位”

作业现场“四到位”指的是：人员到位，措施到位，执行到位，监督到位。

（十六）作业前“四清楚”

作业前“四清楚”指的是：作业任务清楚，危险点清楚，作业程序清楚，安全措施

清楚。

（十七）“四不放过”

事故调查必须做到事故原因不清楚不放过，事故责任者和应受教育者没有受到教育不放过，没有采取防范措施不放过，事故责任者没有受到处罚不放过，简称“四不放过”。

（十八）作业“三措”

作业“三措”是指组织措施、技术措施和安全措施。编制作业“三措”前要对施工地点及周边环境进行勘察，认真分析危险因素，合理进行人员组织，明确各专业班组（项目部）职责。作业“三措”要有针对性，能对施工全过程安全、技术起到指导作用。

作业“三措”应明确工程概况、作业单位、作业时间、地点及详细的作业任务和进度安排。其中，组织措施主要包括专业小组或人员分工，明确各级人员安全、技术责任，包括工程负责人、项目经理、工作负责人、现场安全员及施工人员、验收人员等；技术措施主要包括施工步骤及施工方法等，对复杂的作业项目应附具体施工方案及作业图；安全措施主要包括施工人员安全教育、培训和作业现场应采取的安全防范措施。同时，针对工作中的危险因素（点），制定相应的控制措施，明确专职监护人及监护范围。必要时可附图说明。除上述内容外，还应包括施工特殊要求及其他须强调说明的问题。

（十九）“两措”计划

“两措”计划是指反事故措施计划和安全技术劳动保护措施计划。供电企业每年应编制年度的反事故措施计划和安全技术劳动保护措施计划。

反事故措施计划应根据上级颁发的反事故技术措施、需要消除的重大缺陷、提高设备可靠性的技术改进措施及本企业事故防范对策进行编制。反事故措施计划应纳入检修、技改计划。

安全技术劳动保护措施计划应根据国家、行业、国家电网公司颁发的标准，从改善作业环境和劳动条件、防止伤亡事故、预防职业病、加强安全监督管理等方面进行编制。

（二十）违章

违章是指在电力生产活动过程中，违反国家和行业安全生产法律法规、规程标准，违反国家电网公司安全生产规章制度、反事故措施、安全管理要求等，可能对人身、电网和设备构成危害并诱发事故的人的不安全行为、物的不安全状态和环境的不安全因素。

按照违章的性质，分为管理违章、行为违章和装置违章。管理违章是指各级领导、管理人员不履行岗位安全职责、不落实安全管理要求、不执行安全规章制度等的各种不安全作为；行为违章是指现场作业人员在电力建设、运行、检修等生产活动过程中，违反保证安全的规程、规定、制度、反事故措施等的不安全行为；装置违章是指生产设备、设施、环境和作业使用的工器具及安全防护用品不满足规程、规定、标准、反事故措施等的要求，不能可靠保证人身、电网和设备安全的不安全状态。

按照违章可能造成的事故、伤害的风险大小，分为严重违章和一般违章。严重违章是指可能对人身、电网、设备安全构成较大危害、容易诱发事故的违章现象，其他违章现象为一般违章。

反违章工作，必须坚持以“三铁”反“三违”，即用铁的制度、铁的面孔、铁的处理反违章指挥、违章作业、违反劳动纪律。

（二十一）“两票三制”

“两票”是指工作票、操作票，“三制”是指交接班制、巡回检查制和设备定期试验轮换制。

（二十二）变电站“五防”

“五防”是指防止误入带电间隔、防止误拉合断路器、防止带负荷拉合隔离开关、防止带电挂（合）地线（接地刀闸）、防止带接地线（接地刀闸）合闸送电。其中，后三种误操作为恶性误操作。

（二十三）“三个不发生”

不发生大面积停电事故，不发生人身死亡和恶性误操作事故，不发生重特大设备损坏事故。

（二十四）特种作业

特种作业是指对操作者本人、对他人和周围设施的安全有较大危险的作业。我国划定的特种作业工种包括电工、锅炉司炉工、压力容器操作工、起重工、爆破工、电焊工、煤矿井下瓦斯检验工、机动车司机、机动船舶驾驶员、建筑登高作业工。

（二十五）电力生产的“三大规程”和“五项监督”

电力生产的“三大规程”是指电业安全工作规程、设备运行规程和检修规程，“五项监督”是指绝缘监督、仪表监督、化学监督、金属监督和环保监督。现在又增加了热工、电能质量、节能等专业技术监督。对这些规程的认真贯彻执行和做好各项技术监督是保证设备安全运行，保证电力安全生产的重要手段。

（二十六）安全简报、通报、快报

安全简报的内容如下。

（1）某一阶段安全生产情况；

（2）某一阶段主要安全工作信息，上级安全工作指示，本单位安全工作要求，交流好的安全工作经验等；

（3）某一阶段发生的事故、未遂、障碍等不安全情况；

（4）分析安全生产工作方面存在的问题；

（5）安排布置下一阶段安全工作任务；

（6）所属各单位安全情况统计等。

安全通报，一般是对某一事件做详细报道。如报道某一事故调查分析的情况，报道某一次安全生产会议情况和有关领导的讲话，报道安全生产某一个突出的先进事迹等。

安全快报，一般是在某一事故发生后，即使尚未完全调查清楚，为了尽快将信息传递到基层各单位，及时吸取教训，采取措施，防止同类事故重复发生，而采用的一种快速报道方式。

（二十七）安全工器具

安全工器具是指防止触电、灼伤、坠落、摔跌等事故，保障工作人员人身安全的各种专用工具和器具。

安全工器具分为绝缘安全工器具和一般防护安全工器具两大类。

绝缘安全工器具又分为基本绝缘安全工器具和辅助绝缘安全工器具。

基本绝缘安全工器具是指能直接操作带电设备或接触及可能接触带电体的工器具，如电容型验电器、绝缘杆、核相器、绝缘罩、绝缘隔板等，这类工器具和带电作业工器具的区别在于工作过程中为短时间接触带电体或非接触带电体。将携带型短路接地线也归入这个范畴。

辅助绝缘安全工器具是指绝缘强度不是承受设备或线路的工作电压，只是用于加强基本绝缘安全工器具的保安作用，用以防止接触电压、跨步电压、泄漏电流电弧对操作人员的伤害，不能用辅助绝缘安全工器具直接接触高压设备带电部分。属于这一类的安全工器具有绝缘手套、绝缘靴、绝缘胶垫等。

一般防护安全工器具是指防护工作人员发生事故的工器具，如安全带、安全帽等。将导电鞋及登高用的脚扣、升降板、梯子等也归入这个范畴。

（二十八）事故主要责任、同等责任、次要责任

主要责任：是指事故发生或扩大主要由一个主体承担责任者。

同等责任：是指事故发生或扩大由多个主体共同承担责任者。同等责任包括共同责任和重要责任。

次要责任：是指承担事故发生或扩大次要原因的责任者，包括一定责任和连带责任。

二、安全管理基本知识

安全管理工作分三个阶段：事前预防、事中应急救援、事后调查处理。上升到理论体系为风险管理体系、应急管理体系、事故调查处理体系。

（一）风险管理

1. 基本概念

风险管理是用科学的方法（规避、转移、控制、预防等）处理可预见的风险，实施控制措施以减少或降低事故损失。

风险管理是基于“事前管理”思想的现代安全管理方法，其核心内容是企业安全管理要改变事后分析整改的被动模式，实施以预防、控制为核心的事前管理模式，简而言之，安全管理应由事故管理向风险管理转变。

风险管理主要包括三方面的工作内容：①风险辨识。辨识生产过程中有哪些事故、隐患和危害，后果及影响是什么，原因和机理是什么。②风险评估。评估后果严重程度有多大，发生的可能性有多大，确定风险程度或级别，是否符合规范、标准或要求。③风险处理。如何预警和预防风险，用什么方法控制和消除风险？如何应急和消除危害？

在安全生产中，应树立这样的观点：风险始终存在（如在带电区域工作，始终有触电的风险；有瓦斯的煤矿，都有发生瓦斯爆炸的风险），只要我们事前进行风险辨识、评估，找出危险因素，采取有效控制措施，就能避免事故，实现安全生产的可控、能控、在控。

2. 作业安全风险辨识范本

为了有效落实风险辨识，真正实现预先发现风险和控制风险，各专业班组根据自身工作实际，针对典型作业项目进行辨识，查找、列出隐患和风险因素清单，制定相应的控制措施，这个清单就是风险辨识范本。

风险辨识范本可作为日常安全风险管理教育培训的资料，也可作为生产班组作业前制

定作业风险辨识卡的参考依据。

（二）应急管理

1. 基本概念

应急管理主要包括应急组织体系、应急预案体系、应急保障体系、应急培训与演练、应急实施与评估等内容。

应急预案：是指针对可能发生的各类突发事件，为迅速、有序地开展应急行动而预先制订的行动方案。

突发事件：是指突然发生，造成或者可能造成人员伤亡、电力设备损坏、电网大面积停电、环境破坏等危及电力企业、社会公共安全稳定，需要采取应急处置措施予以应对的紧急事件。

在任何生产活动中都有可能发生事故。无应急准备状态下，事故发生后往往造成惨重的生命和财产损失。有应急准备时，利用预先的计划和实际可行的应急对策，充分利用一切可能的力量，在事故发生后迅速控制其发展，保护现场工作人员的安全，并将事故对环境和财产造成的损失降低至最小限度。

2. 应急预案分类

电力系统的应急预案分为综合预案、专项预案和现场处置方案。

（1）综合预案

综合应急预案的内容应满足以下基本要求：符合与应急相关的法律、法规、规章和技术标准的要求，与事故风险分析和应急能力相适应，职责分工明确、责任落实到位，与相关企业和政府部门的应急预案有机衔接。

（2）专项预案

专项应急预案原则上分为自然灾害、事故灾难、公共卫生事件和社会安全事件四大类。

（3）现场处置方案

基层单位或班组针对特定的具体场所、设备设施、岗位等，在详细分析现场风险和危险源的基础上，针对典型的突发事件类型（如人身事故、电网事故、设备事故、火灾事故等），制订相应的现场处置方案。

（三）事故调查处理

生产过程中发生事故后，必须按规定尽快组织事故调查。事故调查必须按照实事求是、尊重科学的原则，及时、准确地查清事故原因，查明事故性质和责任，总结事故教训，提出整改措施，并对事故责任者提出处理意见。做到事故原因不清楚不放过，事故责任者和应受教育者没有受到教育不放过，没有采取防范措施不放过，事故责任者没有受到处罚不放过（简称“四不放过”）。

三、消防安全常识

（一）企业消防安全常识

（1）单位应当严格遵守消防法律、法规、规章，贯彻“预防为主、防消结合”的消防工作方针，履行消防安全职责，保障消防安全。法人单位的法定代表人或者非法人单位的主要负责人是单位的消防安全责任人，对本单位的消防安全工作全面负责。单位应当落实逐级消防安全责任制和岗位消防安全责任制，明确逐级和岗位消防安全职责，确定各级、各岗位的消防安全责任人。

（2）消防安全重点单位应当设置或者确定消防工作的归口管理职能部门，并确定专职或者兼职的消防管理人员；其他单位应当确定专职或者兼职消防管理人员，可以确定消防工作的归口管理职能部门。归口管理职能部门和专兼职消防管理人员在消防安全责任人或者消防安全管理人的领导下开展消防安全管理工作。

（3）单位应当建立健全各项消防安全制度，包括消防安全教育、培训，防火巡查、检查，安全疏散设施管理，消防（控制室）值班，消防设施、器材维护管理，火灾隐患整改；用火、用电安全管理，易燃易爆危险物品和场所防火防爆等内容。

（4）火灾危险性较大的大中型企业、专用仓库及被列为国家重点文物保护的古建筑群管理单位等应当依照国家有关规定建立专职消防队，并定期组织开展消防演练。

（5）组织制订符合本单位实际的灭火和应急疏散预案，至少每半年要组织员工进行一次逃生自救和扑救初期火灾的演练。

（6）定期对本单位的消防设施、灭火器材和消防安全标志进行维护保养，确保其完好有效。要时刻保持防火门、防火卷帘、消防安全疏散指示标志、应急照明、机械排烟送风、火灾事故广播等设施处于正常工作状态。

（7）保证疏散通道、安全出口的畅通。不得占用疏散通道或者在疏散通道、安全出口上设置影响疏散的障碍物，不得在营业、生产、工作期间封闭安全出口，不得遮挡安全疏散指示标志。

（8）禁止在具有火灾、爆炸危险的场所使用明火；因特殊情况需要进行电、气焊等明火作业的，动火部门和人员应当严格按照单位的用火管理制度办理审批手续，落实现场监护人，配置足够的消防器材，并清除动火区域的易燃、可燃物。

(9) 遵守国家有关规定，对易燃易爆危险物品的生产、使用、储存、销售、运输或者销毁实行严格的消防安全管理。禁止携带火种进入生产、储存易燃易爆危险物品的场所。

(10) 消防安全重点单位应当进行每日防火巡查，并确定巡查的人员、内容、部位和频次。其他单位可以根据需要组织防火巡查。防火巡查人员应当及时纠正违章行为，无法当场处置的，应当立即向有关部门报告。

(11) 消防值班人员、巡逻人员必须坚守岗位，不得擅离职守。

(12) 新员工上岗前必须进行消防安全培训，具有火灾危险性的特殊工种、重点岗位员工必须进行消防安全专业培训，培训率要达 100%，并持证上岗。

(13) 不要在宿舍、生产车间、厂房等场所乱接乱拉临时电线和私自使用电气设备，禁止超负荷用电。严禁在仓库、车间内设置员工宿舍。

(14) 企业的热处理工件应堆放在安全的地方，严禁堆放在有油渍的地面和木材、纸张等易燃物品附近。

(15) 褐煤、湿稻草、麦草、棉花、油菜籽、豆饼和沾有动、植物油的棉纱、手套、衣服、木屑及擦拭过设备的油布等，如果长时间堆积在一起，很容易自燃而发生火灾，应勤加处理。

(16) 植物堆垛应存放在干燥的地方，同时做好防潮。堆垛不宜过大，应加强通风，并设专人检测温度和湿度，防止垛内自燃或引起飞火蔓延。

(17) 企业职工要做到“三懂三会”，即懂得本岗位火灾危险性、懂得基本消防常识、懂得预防火灾的措施；会报火警、会扑救初起火灾、会组织疏散人员。

(18) 火灾发生后，要及时报警，不得不报、迟报、谎报火警，或者隐瞒火灾情况。拨打火警电话 119 时，要讲清起火单位、所在地区、街道、房屋门牌号码、起火部位、燃烧物质、火势大小、报警人姓名及所使用电话的号码。报警后，应派人在路口接应，引导消防车进入火场。

(19) 电器或电线着火，要先切断电源，再实施灭火，否则很可能发生触电伤人事故。

(20) 穿过浓烟逃生时，要尽量使身体贴近地面，并用湿毛巾、手绢等捂住口鼻低姿前进，防止有毒烟气的危害。

(21) 发生火灾后，住在比较低的楼层被困人员可以利用结实的绳索（如果找不到绳索，可将被褥、床单或结实的窗帘布等物撕成条，拧好成绳），拴在牢固的暖气管道、窗框或床架上，然后沿绳索缓缓下滑逃生。

(22) 如果被困于三楼以上，千万不要急于往下跳，可以暂时转移到楼层避难间或其他比较安全的卫生间、房间、窗边或阳台上，并采取可行的自救措施。

（23）在被困房间内可用打手电筒、挥舞衣物、呼叫等方式向窗外发送求救信号，等待消防人员救援。

（二）常见火灾扑救方法

（1）家庭电器起火——家里电视机或微波炉等电器突然冒烟起火，应迅速拔下电源插头，切断电源，防止灭火时触电伤亡；用棉被、毛毯等不透气的物品将电器包裹起来，隔绝空气；用灭火器灭火，灭火时，灭火剂不应直接射向屏幕等部位，防止热胀冷缩引起爆炸。

（2）家用炉灶起火——可用灭火器直接向火源喷射；或将水倒在正燃烧的物品上，或盖上毯子后再浇一些水，火扑灭后，仍要多浇水，使其冷却，防止复燃。

（3）厨房油锅起火—这时千万不能向锅里倒水，否则冷水遇到高温油，会出现炸锅，使油火到处飞溅，导致火势加大，人员伤亡。应该立即关掉煤气总阀，切断气源，然后用灭火器对准锅边儿或墙壁喷射灭火剂，使其反射过来灭火；或用大锅盖盖住油锅，或蒙上浸湿的毛巾，或倒入大量青菜，使油温降低，把火扑灭。

（4）固定家具着火——发现固定家具起火，应迅速将旁边的可燃、易燃物品移开，如果家中备有灭火器，可即拿起灭火器，向着火家具喷射。如果没有灭火器，可用水桶、水盆、饭锅等盛水扑救，争取时间，把火消灭在萌芽状态。

（5）衣服头发着火——衣服起火，千万不要惊慌、乱跑，更不要胡乱扑打，以免风助火势，使燃烧更旺，或者引燃其他可燃物品。应立即离开火场，之后就地躺倒，手护着脸面将身体滚动或将身体贴紧墙壁将火压灭；或用厚重衣物裹在身上，压灭火苗；如果附近有水池，或者正在家里，浴缸里有水，就急跳进，依靠水的冷却熄灭身上的火焰。头发着火时，也应沉着、镇定，不要乱跑。应迅速用棉制的衣服或毛巾、书包等套在头上，然后浇水，将火熄灭。

（6）窗帘织物着火——火小时浇水最有效，应在火焰的上方弧形泼水；或用浸湿的扫帚拍打火焰；如果用水已来不及灭火，可将窗帘撕下，用脚踩灭。

（7）汽油煤气着火——迅速关掉阀门，备有灭火器；立即用灭火器灭火。没有灭火器时，或用沙土扑救，或把毛毯浸湿，覆盖在着火物体上，但千万不能向其浇水，否则会使浮在水面上的油继续燃烧，并随着水到处漫延，扩大燃烧面积，危及周围安全。

（8）酒精溶液着火——可用沙土扑灭，或者用浸湿的麻袋、棉被等覆盖灭火。如果有抗溶性泡沫灭火器，可用来灭火。因为普通泡沫即使喷在酒精上，也无法在酒精表面形成能隔绝空气的泡沫层。所以，对于酒精等溶液起火，应首选抗溶性泡沫灭火器来扑救。

（三）火灾自救常识

（1）如果身上的衣物，由于静电的作用或吸烟不慎，引起火灾时，应迅速将衣服脱下或撕下，或就地滚翻将火压灭，但注意不要滚动太快。一定不要身穿着火衣服跑动。如果有水可迅速用水浇灭，但人体被火烧伤时，一定不能用水浇，以防感染。

（2）如果寝室、教室、实验室、会堂、宾馆、饭店、食堂、浴池、超市等着火时，可采用以下方法逃生；

①毛巾、手帕捂鼻护嘴法。因火场烟气具有温度高、毒性大、氧气少、一氧化碳多的特点，人吸入后容易引起呼吸系统烫伤或神经中枢中毒，因此在疏散过程中，应采用湿毛巾或手帕捂住嘴和鼻（但毛巾与手帕不要超过六层厚）。注意：不要顺风疏散，应迅速逃到上风处躲避烟火的侵害。由于着火时，烟气大多聚集在上部空间，向上蔓延快、横向蔓延慢的特点，因此在逃生时，不要直立行走，应弯腰或匍匐前进，但石油液化气或城市煤气火灾时，不应采用匍匐前进方式。

②遮盖护身法。将浸湿的棉大衣、棉被、门帘子、毛毯、麻袋等遮盖在身上，确定逃生路线后，以最快的速度直接冲出火场，到达安全地点，但注意捂鼻护口，防止一氧化碳中毒。

③封隔法。如果走廊或对门、隔壁的火势比较大，无法疏散，可退入一个房间内，可将门缝用毛巾、毛毯、棉被、褥子或其他织物封死，防止受热，可不断往上浇水进行冷却。防止外部火焰及烟气侵入，从而达到抑制火势蔓延速度、延长时间的目的。

④卫生间避难法。发生火灾时，实在无路可逃时，可利用卫生间进行避难。因为卫生间湿度大，温度低，可用水泼在门上、地上，进行降温，水也可从门缝处向门外喷射，达到降温或控制火势蔓延的目的。

⑤多层楼着火逃生法。如果多层楼着火，因楼梯的烟气火势特别猛烈时，可利用房屋的阳台、雨水管、雨篷逃生，也可采用绳索、消防水带，或可用床单撕成条连接代替，将一端紧拴在牢固采暖系统的管道上、散热气片的钩子上（暖气片的钩子）门窗框上或其他重物上，在顺着绳索滑下。

⑥被迫跳楼逃生法。如无条件采取上述自救办法，而时间又十分紧迫，烟火威胁严重时，低层楼可采用此方法逃生，但首先应向地面抛下一些厚棉被、沙发垫子，以增加缓冲，然后手扶窗台往下滑，以缩小跳楼高度，并保证双脚首先落地。

（3）火场求救方法。当发生火灾时，可在窗口、阳台、房顶、屋顶或避难层处，向外大声呼叫，敲打金属物件、投掷柔软物品，夜间可利用电筒、打火机等物品的光亮，发出求救信号，引起救援人员的注意，为逃生争得机会。

第二节 电力企业班组安全管理

一、班组安全管理细则

班组是落实安全生产中最基层的组织，只有抓好班组的安全管理，确保人身和设备的安全，才会有企业的安全生产。

（一）班组安全管理重在“以人为本”

人、设备和环境是安全生产的三个重要因素，而人是这三者中最活跃、最重要的因素，是唯一能思维，并可改变其他两者的主体。人的安全素质直接关系到企业安全生产的管理水平，所以必须提高班组员工的安全意识，实现由“要我安全”到“我要安全”的转变，进而步入“我会安全”的境地。

（二）坚持不懈地抓好班组反习惯性违章工作

许多事故都是由违章引起的，而班组又是习惯性违章的高发区。因此，要有效预防事故发生，班组就必须结合工作实际，认真分析本班组习惯性违章的表现及易发生习惯性违章的环节，并根据有关安全生产规程、制度，制定出适合班组特点的预防习惯性违章的实施细则，使大家养成遵章守纪的良好习惯。同时还要严格执行“两票”制度，坚决与违章、麻痹、不负责任的恶习做斗争。

（三）班组长和安全员认真负责

班组长是班组的核心，负责组织班组的安全工作，是班组安全的第一责任人。在安排落实工作任务时，班组长要把安全理念贯穿于各项工作的始终，做到工作前有安全制度和组织措施，工作中有安全检查和违章纠正，工作后有安全总结和安全考评。

因此，班组长必须正确理解并严格执行上级管理部门的各项安全管理制度和安全措施，做到班组安全管理制度化、规范化，从本班人员和设备存在的具体问题中，找出关键环节，不断调整班组安全生产工作的管理重点，及时消除存在的不安全因素。安全员是班组安全工作的直接责任者，要与时俱进，认真履行自己的安全责任。对安全管理要常抓不懈，对安全检查要认真及时，对违章行为要坚决制止、纠正。还要做好班组各种安全记录。如果一个班组有了注意安全工作的班长，再有了敢于负责的安全员，组员的安全生产意识就会增强，班组的违章和事故就会杜绝，班组的各项工作就能健康地开展并如期完成。

（四）精心组织好班组安全活动

班组的安全活动是提高班组员工安全意识、安全水平的有效途径。组织安全活动必须做到四要：一要联系实际，二要目的明确，三要重点突出，四要精心组织。只有这样才能使安全活动收到事半功倍的效果。

首先，要开展好安全日活动。班长和安全员对安全日活动的内容、目的、方式要做到心中有数，早计划巧安排。组员要在活动中说看法、谈感受。要通过安全日活动找出本班组安全工作的不足，从而完善班组的安全工作制度。其次，要坚持每天开好班前会和班后会。班前会要做到三查（查衣着、查安全用具、查精神状态）、三交（交任务、交技术、交安全）。班后会做好三评（评任务完成情况、评工作中的安全情况、评安全措施的执行情况），进行经验总结。

（五）加强班组安全教育，实践班组安全文化

班组员工必须接受各种安全教育，定期参加安全知识考试，不合格者不能上岗。培养和提高员工的安全与文化素质不是一朝一夕的事，需要在不断学习中，在浓厚的安全文化氛围的潜移默化中逐步形成。班组应定期组织有关安全文化的专题讨论，让大家交流心得体会；应举办安全知识问答、每周安全知识一题等活动；条件允许的情况下，还可以定期组织班组员工到其他兄弟班组进行安全文化交流。通过这些活动使班组员工进一步认识安全文化在安全工作中的重要作用，激发大家加强安全文化建设和实践的自觉性。

（六）岗位安全职责分明，作业安全措施落实

让每位班组员工熟悉各种安全规程，并把严格执行安全操作规程放在第一位。各项工作务必做到有章可循、有据可查、有人监督。同时，也要让工作班成员在工作中认识到不能过分依赖工作负责人，只有人人都能时刻保持头脑的冷静，才能防止事故的发生；认识到在生产与安全发生矛盾时，只有坚持“生产服从安全”的原则，把安全作为一切工作的前提条件，才能确保各项工作的顺利开展。

（七）增强员工的主人翁责任感

每位班组员工都要回答三个问题：我是谁？我是干什么的？我怎么去干？从而明确自

己的职责，增强自己的安全责任感，以主人翁精神，努力完成各项工作。工作中要做到先想后干，想清楚再干，想不清楚不干。

（八）构建和谐、平安班组

要关心班组成员的工作、学习和生活情况，形成互帮互助、和睦相处的人际关系；要让每个人都积极参与班组的安全生产事务，共同营造班组的和谐氛围；要让每个人都能树立正确的安全观，养成遵章守纪的好习惯，共同构筑牢固的安全屏障。平安既是一种期盼，也是一种责任，平安班组要靠大家一起努力构建。

（九）让每位组员做快乐员工

现在电力企业班组员工的工作压力非常大。为了缓解这种压力，就要创造条件，让大家以积极、乐观的心态，快乐地干好本职工作，实现自己的人生价值，在不断进步的过程中感到自豪和快乐。有条件的班组可以每年组织员工到外地疗养，以释放压力。让每一个人都做快乐员工，让每一个人都能快乐地工作。

二、班组长的安全管理工作重点

（一）班组与班组长安全管理工作的重要性

班组是企业的细胞，是搞好安全生产的基础。因此，对安全生产来说，班组是一个至关重要的单元，是开展安全工作的主要对象。而在这一对象中，作为“兵头将尾”的班组长，所掌握的安全管理知识的多少，将对班组的安全工作好坏及企业的安全生产产生直接影响。因此，作为班组长，必须加强安全管理知识的学习。

（二）班组长的安全工作职责

安全管理工作必须紧紧围绕生产第一线来进行，才能够有效地控制事故，这也是企业实现安全生产的基础。这一重要的工作该由哪些部门具体负责进行呢？厂长要负责，安全技术部门要负责，各级部门都应负责，这是现代的全面安全管理所要求的。然而最关键的管理部门应在班组，应由班组长进行具体的领导。班组长因其在工作中的特殊地位，成为安全管理中的关键人物。由于他们参与安全管理，才能使安全管理紧紧围绕生产第一线，切切实实地解决问题。在安全管理工作中，班组长必须做好下列工作：

（1）贯彻“安全第一，预防为主”的方针，坚持“管生产必须管安全”的原则，组织好安全生产。贯彻执行企业和车间对安全生产的规定和要求，全面负责本班组（工段）的安全生产。作为班组长应积极开展多种形式的安全生产宣传，组织组员学习国家和上级有关的安全生产法规、指示和决定；宣传组员中涌现的遵章守纪、安全生产搞得好的先进人物；抵制各种违反安全生产的言论和行为；针对组内的各种思想状况，及时做好思想工作，使全组树立起“安全第一”的思想，认真落实班组安全生产责任制，对上级部门布置的工作，若不符合有关安全法规，则应按正常途径向有关部门汇报，加以抵制，确保安全生产方针不是停留在口头上，而是落实在具体行动上，最终达到安全生产的目的。

（2）组织组员学习安全操作技术，提高本人和全组成员的自我保护能力。要搞好安全生产，职工的自身保护能力如何是一个很重要的问题，这个问题主要涉及两方面：一是安全意识的强弱，二是本身的安全操作技术水平的高低。作为班组长来说，除本身应刻苦钻研安全操作技术外，还应组织组员学习，钻研安全操作技术。因为，随着生产的现代化程度越来越高，对生产者的操作技术要求也越来越高，对安全工作也会提出更高更新的要求。安全操作技术是生产操作技能与各类安全操作规范、规程、制度的结合。班组长既要组织组员学习各种生产操作技能，更要组织他们学习各类安全操作规范、规程、制度。随着生产技术的不断发展，设备、生产工艺和技术等亦会不断变化。因此，还需要及时制定、修改各类规章制度，使其与生产的发展相适应。

（3）认真落实班组安全生产责任制。班组安全生产责任制是长期安全生产工作经验和教训的结晶，是生产正常进行和职工安全健康的可靠保证。班组长要按安全生产责任制严格要求自己，起到表率作用。同时还要负责班组安全生产责任制的制定和完善，要督促组员执行安全生产责任制，将检查班组执行安全生产责任制的情况作为自己的一项经常性工作。使班组做到事事有人负责，人人遵章守纪。

（4）加强基础工作，积极推行标准化作业。班组长应明确认识，紧密配合有关部门，参加标准化作业的制定和试行工作。要推行标准化作业，首先必须改变以往的习惯作业，“学”标准作业，“练”标准作业。班组长不但要带头“学”，带头“练”，还要充分发动组员同“学”同“练”，共同贯彻执行。推行标准化作业活动必须严字当头，严格考核。实行按岗位定职责，按职责定标准，按标准进行考核。按考核结果计分，按分数计奖。班组长应积极配合有关部门做好考核工作。

（5）组织并参加安全活动。坚持班前讲安全、班中检查安全、班后总结安全。认真交接班，开好班前班后。一个班组的安全管理工作搞得好坏，班前班后会开得成功与否往往是一个标志。根据安全生产“五同时”的要求，班组长在计划、布置、检查、总结、评比生产的同时，必须计划、布置、检查、总结、评比安全。要达到这一要求，班组长首先要对每天的安全生产情况心中有数。这就要做到，交班认真接班严。

（6）对新工人或调动岗位的工人进行安全教育。新工人或调岗工人，由于对新工作环境、设备、生产工艺、安全操作技术等不熟悉，较易发生工伤事故，因此对他们进行安全教育是十分重要的，不能掉以轻心。

（7）参加事故分析，杜绝重复事故。防止和消灭事故是安全生产的目的。班组长除了参加本班组的事故分析外，还应参加本车间同类型班组发生的事故的分析会，以吸取教训。

（8）搞好班组安全活动日。班组安全活动日是组员之间交流思想感情，长知识，统一认识，搞好班组团结的一个重要活动，班组长应充分认识这一点，认真搞好班组安全活动日，使之不致流于形式。

（9）在生产过程中，发现有自己不能解决的不安全问题，应及时汇报。班组长的一个重要职责，就是执法——制止违章违纪、冒险蛮干及不合职业道德的各种行为。然而由于班组长的权力有限，对有些违反安全生产的事无法制止时，就应立即报告上一级领导，这也是班组长的职责之一。

（10）搞好“安全生产月”“安康杯”等各项活动，组织班组安全生产知识竞赛，表彰先进，总结经验。

（11）负责班组建设，提高班组管理水平。保持生产作业现场整齐、清洁，实现文明生产。

（三）班组长的工作方法

1. 与安全员齐心协力组建安全网

班组长要很好地履行自己的安全管理职责，就必须与安全员齐心协力建立自己的“安全网”。建立健全、落实安全生产岗位责任制，是建立安全网首先要做到的工作。其次是把班组里的每一个人都发动起来，在本组工作的方面，从头至尾的全过程中，都要始终坚持“安全第一”的方针，形成人人讲安全，个个不违章的好风气。

2. 要关心每一个班组成员

班组长必须了解、关心、信任组员。班组成员的精神状况如何，将会直接影响到安全生产，而影响他们的精神状况的原因是很多的。班组长是否能及时了解是哪一种原因影响了班组成员的精神状况，主要靠的是平时的工作，靠的是他对组员的了解程度及与组员关系的融洽程度。

3. 要发挥每个组员的特长

班组长要注意了解组员，发挥每个组员特长，充分利用他们的长处来做好工作。

班组长在分配工作时应尽量使搭档工作的人彼此满意，这样也可减少发生事故的概率。

4. 要发扬民主，尊重组员，增加工作透明度

将问题交给群众，群策群力解决难题，是班组长必须掌握的一种民主的工作方法。除了这种工作上的民主外，在关于职工的荣誉、经济收益、工作安排、矛盾解决等方面，班组长都应尊重组员，发扬民主，广泛听取意见，使每个组员都切切实实地感到自己在这个班组里是占有一定地位的，感到这个组内的一切对自己来说是“透明”的。这样做的结果，不但不会使班组长失去权威性；相反，会使他的指挥更具权威性。

（四）提高班组长的安全生产管理能力

班组是企业最基层的生产组织，是企业实现安全生产的基础，是企业生产中的最小单元，是各项生产任务的直接完成者。因此，能否深入有效开展班组安全建设，是大幅度降低企业的伤亡事故，实现企业安全生产的关键。只有将班组的安全工作扎扎实实、持之以恒地开展下去，才能预防、消除和减少各类事故的发生，才能确保企业生产经营正常有序地运行和稳定健康发展。现就如何提高班组长的安全生产管理能力和大家做一些交流。

1. 班组长应具有的四种安全意识

（1）安全责任意识

安全责任意识就是要求每一位班组长具有强烈的安全责任，时刻具有保证组员安全生产的意识，对自己肩负的安全责任了然于胸。做到对自己负责、对他人负责，对公司财产安全负责。牢固树立“安全第一、预防为主、综合治理”的思想，确实把每一位组员看作是自己的亲人，利用自己的安全生产知识和技能，查找和解决会对他们造成伤害的危险隐患和危害因素，督促和检查每一位组员做好安全防护，保证他们的人身安全。

（2）安全超前意识

所谓安全超前意识是指班组长对班组安全工作要有预见性、敏感性、超前性。如果班组长没有这种超前意识，就抓不住安全工作的要害。班组长既要吃透有关安全的法律、法规的精神实质，弄清上级对安全工作的要求，把握安全工作方向；又要了解和掌握班组的安全状况，分析员工思想动态，注意情绪变化，对容易发生事故的岗位、工种心中有数。

（3）安全监督意识

安全监督意识就是要求班组长在工作期间时时刻刻关注安全。一要加强对周围环境和设备状况的安全监督，一旦发现隐患要及时处理，把事故消灭在萌芽状态；二要加强对员工上岗前安全防护准备工作的监督，发现忽视安全的现象及时制止；三要加强员工在生产过程中执行安全规章制度的监督；四要加强对重点人员、重点岗位的安全监督。

（4）安全总结意识

班组长抓好安全工作，一要总结成功的经验，找出成功的方法；二要总结失败的教训，找准失败的原因，认真做好事后安全总结能更有效、快速地提高自己的安全管理能力，能够更科学地开展安全生产管理工作，正确指导今后的安全工作。

2. 班组长应具备的五项基本素质

（1）思想素质要高

班组长的安全压力大，生产任务重，管理工作多，既操心又费力，工作最辛苦，如果没有较高的思想素质、高度的事业心和强烈的责任感，就很难做到敬业爱岗、乐于奉献，就很难完成班组管理的各项工作。

（2）业务技术素质要高

如果一个班组长没有较高的业务素质，不掌握安全操作规程、不熟悉生产过程、不精通业务技术，生产抓不住关键，很难出色地完成班组生产任务。与此同时，班组长不仅要懂安全操作规程、抓生产，还要学会在保证安全生产的前提下，实现最少投入和最大产出，实现生产安全和生产效益的双赢。

（3）安全工作原则性要强

班组长作为班组的负责人，具有管理班组的各种权力，而要掌握用好这个权力，就要坚持原则，不拿原则交易，严格按照安全规章制度办事，不徇私情，只有这样才能使班组成员养成自觉严格遵守各项制度的好习惯，好作风，从而减少安全隐患，降低安全风险。

（4）民主作风要好

班组的战斗力、凝聚力来自班组成员的气顺心齐，步调统一，团结一致。班组长的一个重要职能就是民主作风，班长要善解人意，善于团结班组成员，善于发现组员的智慧，乐于听取组员的好建议、好方法并调动班组员工的积极性，把分散的个人聚在一起，使之成为搞好安全工作的聚合力。

（5）善于开展思想工作

班组成员中由于年龄、文化、性格、能力等方面的差异，工作的表现也不尽相同，这就要求班组长既要会管生产，又要善于做好组员的思想工作，把思想工作渗透到班组管理的各项工作中，化解职工之间的各种矛盾，调动职工积极性，把班组建成心安人安的优秀集体。

3. 班组长具备的安全管理法律知识

（1）了解国家有关安全生产管理方面的规定和从事本职岗位工作所涉及到工艺，设备安全操作的国家标准和行业标准。如《安全生产违法行为行政处罚办法》《生产安全事故报告和调查处理条例》《企业职工伤亡事故分类标准》等规定和标准。

（2）熟悉国家的基本安全生产法律法规，如《安全生产法》《职业病防治法》《工伤保险条例》等国家的基本安全生产法律法规。

（3）掌握本集团、公司等系统内编制下发的各项安全管理制度，如公司编制的《安全生产责任制》《安全生产操作规程》《劳动用品发放管理制度》等安全管理制度。

4. 班组长具备的安全管理方法

（1）要以岗位安全操作规程为重点抓安全教育

这是因为岗位安全操作规程十分具体、明确地规定了员工的安全作业规范，要求每一个组员不但要牢记，更应将其融入工作、指导工作。班组长要以此为目的持之以恒抓好安全教育，针对班组的现状对症下药，克服组员的表现心态、散漫心态、侥幸心态、依赖心态、隐瞒心态，向上级部门提出要求，加大安全工作的投入，循序渐进，达到彻底治理的目的，尤其对组员返岗与换岗的安全教育更应重视，力争做到人人遵章守法，时时处处注意安全。

（2）要在班前做好安全确认

班组长一定要顾大局，做好上岗人员的体力、精神状态、作业环境及事故隐患整改情况的确认，这是保证安全生产的前提条件。

（3）要有对危险因素的预知预防

班组长对班组中可能发生或导致危害安全的因素要有前瞻性和预见性。如进入有电、易燃、易爆区域等，要对组员做出明确的提醒并布置防范措施。要利用安全活动及开工前较短时间进行危险预测预防教育。此类教育是控制人为失误，提高组员安全意识和技术素质，落实安全操作规程和岗位责任制，进行岗位安全教育，真正实现“三不伤害”的重要手段。

班组安全工作的好坏，直接影响着企业的安全生产和经济效益，而班组安全建设的成效大小，取决于班组长对安全生产的认识程度及所具备的安全技术知识水平和实际的组织协调能力。班组长应立足本职工作，认真学习安全生产知识，不断总结安全生产管理经验，为保证职工生命安全、企业财产安全，不断推进我国的安全生产做出自己的贡献。

三、“5S”管理模式与班组安全管理

（一）5S 的含义

5S 是 SEIRI（整理）、SEITON（整顿）、SEISO（清扫）、SEIKETSU（清洁）、SHITSUKE（修养）这五个单词，因为五个单词前面发音都是“S”，所以统称为“5S”。

整理就是区分必需和非必需品，现场不放置非必需品，将混乱的状态收拾成井然有序的状态。5S 管理是为了改善企业的体质，整理也是为了改善企业的体质。

整顿就是能在 30 秒内找到要找的东西，将寻找必需品的时间减少为零。能迅速取出，能立即使用，处于能节约的状态。

清扫是指将岗位保持在无垃圾、无灰尘、干净整洁的状态。清扫的对象一般包括地板、天花板、墙壁、工具架、橱柜，机器、工具、测量用具等。

清洁的含义是将整理、整顿、清扫进行到底，并且制度化，管理公开化，透明化。

修养是指对于规定了的事，大家都要认真地遵守执行。

这是 5S 的基本含义，可是在实际推行的过程中，很多人却常常混淆了整理、整顿，清扫和清洁等概念，为了方便大家记忆，可以用下面几句顺口溜来描述。

整理：要与不要，一留一弃；

整顿：科学布局，取用快捷；

清扫：清除垃圾，美化环境；

清洁：洁净环境，贯彻到底；

修养：形成制度，养成习惯。

（二）养成良好的 5S 管理的习惯

5S 活动不仅能改善生活环境，还可以提高生产效率，提升产品的品质、服务水准，将整理、整顿、清扫进行到底，并且给予制度化等，这些都是为了减少浪费，提高工作效率，也是其他管理活动有效展开的基础。

在没有推行 5S 的工厂，每个岗位都有可能会出现各种各样不规范或不整洁的现象，如垃圾、油漆、铁锈等满地都是，零件、纸箱胡乱搁在地板上，人员、车辆都在狭窄的过道上穿插而行。经常会出现找不到自己要找的东西，浪费大量的时间的现象，甚至有时候会导致机器破损，如不对其进行有效的管理，即使是最先进的设备，也会很快地加入不良

器械的行列而等待维修或报废。

员工在这样杂乱不洁而又无人管理的环境中工作，有可能是越干越没劲，要么得过且过，过一天算一天，要么就是另谋高就。

对于这样的工厂，如果不能从根本上进行管理，即使不断地引进很多先进优秀的管理方法，也不会有什么显著的效果，要想彻底改变这种状况就必须从简单实用的5S开始，从基础抓起。

（三）5S的功效

1. 减少浪费，提升利润

推动5S可大大减少浪费，人员、场地、场所、时间等各方面的浪费都减少了。减少浪费就是降低成本，成本降低自然而然就增加了利润。

2. 提升员工的归属感

企业推动了整理、整顿、清扫、清洁，使每个员工的素质都提高了。修养提升了，他就会有尊严，他会认为待在这样的企业里，有一种优越感和成就感，必然对这个企业产生一种凝聚力。当企业出现问题，他会主动地指出问题并积极寻找问题的起因和解决办法。他还会主动、积极、自发、负责地为本企业的不断发展壮大付出自己的全部心血和精力。爱他的岗位就像爱他自己一样，他会献出他的爱心，会安心地在这个企业工作，从而提升了员工的归属感。

3. 安全有保障

企业在推动5S的过程中，通过整理、整顿、清扫、清洁与修养的提升，企业的浪费、缺陷为零，效率提高了，安全自然也有保障。工作场所还非常宽敞、明亮，通道畅通，安全就会有保障。

4. 效率提升

一个好的工作环境，是每个员工都主动、自发地，把需要的东西留下，不需要的东西都丢掉；或者说，把它存放起来，通过整顿，每样东西都摆得井井，通道畅通，从而创造一个良好的工作环境。

一个人在良好的工作环境中工作，自然就能相应地提升工作情绪。提升了工作情绪，再加上有好的工作环境、工作气氛，有了高素质并有修养的伙伴，彼此之间的团队精神和士气自然也能相应地得到提高；物品摆放有序了，而且拿东西不用找来找去，时间不会有丝毫的浪费，所以效率必然也就提升了。

5. 品质有保障

通过这些好的工作环境、气氛，不断地养成一种习惯，这样就能使产品的品质有了保证的基础。

有5S做基础，通过整理、整顿、清扫、清洁、修养，企业必然能很快地茁壮成长。而在茁壮成长的过程中，企业会通过ISO全面质量、全面品质等这几方面的管理，使企业生产的效能、形象得到提升，浪费大为减少，安全有保证，员工的归属和生产效率自然就会提升，产品的品质就会有保障。

一个企业，只有全面地推行5S管理，才能取得显著的成效并提高企业的经营管理水平。5S的整理、整顿、清扫、清洁、修养，这五者并不是相互对立、互不相关的，它们之间是一种相辅相成、互为作用的关系，这五个要素缺一不可。

第三节　电力安全教育与事故管理

一、电力企业安全教育制度

（一）安全教育的重要性

安全生产教育是安全生产管理的基本要求。离开了安全教育的安全管理就像一座没有打好根基的房子一样不牢靠。

作为安全管理工作的基础，安全教育主要包括安全思想的宣传教育，安全技术知识的宣传教育，工业卫生技术知识的宣传教育，安全管理知识的宣传教育，安全生产经验教训的宣传教育等。既有针对安全的技术知识的教育，也有安全思想和法律、法规的宣传教育，涉及内容非常广泛。

随着现代科学技术的进步和新技术、新材料、新设备、新工艺的不断推广使用，安全教育在各行各业的安全生产中的重要性就显得更加突出了。其重要性主要表现在如下几方面：

（1）安全教育是掌握各种安全知识、避免职业危害的主要途径。只有通过安全教育才能使企业经营者和员工明白：只有真正做到“安全第一，预防为主”，真正掌握基本的职业安全健康知识，遵章守纪，才能保证员工的安全与健康，对避免安全事故的发生有积极的作用。

（2）安全教育是企业发展经济的需要。在现代生产条件下，生产的发展带来了新的安全问题，这就要求相应的安全技术同时应满足生产和安全的需要，而安全技术及相应知识的普及则必须进行安全教育。

（3）安全教育是适应企业人员结构变化的需要。随着企业用工制度的改革，企业员工的构成日趋多样化、年轻化。合同工、临时工、农民工并存，特别是临时工和农民工文化素质较低，缺乏必要的安全知识，安全意识淡薄，冒险蛮干现象严重；青年人思维方式、人生观、价值观等与老一辈员工有较大差异，他们思想活跃，兴趣广泛而不稳定，自我保护意识和应变能力较差，技术素质和安全素质较老一辈员工有所下降。因此，在企业加强安全教育是一项长期而繁重的工作。

（4）安全教育是搞好安全管理的基础性工作，是其他五大基础性工作的基础和先决条件。因此，安全教育是安全管理工作的主要内容和基础性工作。

（5）安全教育是发展、弘扬企业安全文化的需要。安全管理主要是人的管理，人的管理的最好方法是运用安全文化的潜移默化的影响。要使安全文化成为员工安全生产的思维框架、价值体系和行为准则，使人们在自觉自律中舒畅地按正确的方式行事，规范人们在生产中的安全行为。安全文化的发展主要依靠宣传、教育。

（6）安全教育是安全生产向广度和深度发展的需要。安全教育是一项社会化、群众性的工作，仅靠安技部门单一的培训、教育是远远不够的，必须多层次、多形式，利用各种新闻媒体、多种宣传工具和教育手段，进一步加大安全生产的宣传教育力度，提高安全文化水平，强化安全意识。

（二）电力企业安全教育

随着电力企业竞争环境日趋激烈，电力企业安全生产形势愈加严峻。企业职工的安全素质直接决定工作安全和质量，是安全生产的基础。电力企业安全教育是提高职工全员安全意识和安技素质的有效方法，为实现电力安全生产及职工掌握安全生产规律、提高安全防范意识能力提供必要的思想和知识保障。因此，它已成为当前电力企业安全管理工作最重要的课题之一。

电力工程的建设是关系到国计民生的大事，安全生产非常重要。同时，电力工程建设与其他工程建设比较又有其自身的特点和专业性。

1. 电力企业的特点与专业

（1）电力工程的建设投资一般较为庞大，建设工期长，涉及的工序多，从“三通一平”到最后的正式投产，工序的繁多是令人难以想象的，而当中的任何一道工序都有发生安全事故的可能。随着科学的进步和国民经济的发展，电力工程的建设投资呈现越来越庞大的趋势，安全生产工作也更加重要。如何有效地避免安全事故的发生，安全宣传教育自然是基础和前提了。

（2）电力工程建设是一项专业性非常强的工程建设。前面已经提到电力工程建设的工序繁多，土建工程、电气安装工程、水工工程、设备调试工程等许多专业都要用到。很多专业的关联性不是很大，有的甚至根本不沾边。而要把这些专业糅合在一起，安全管理的难度是相当大的。

（3）电力工程一旦发生安全事故，将会发生严重的后果。电力工程关系到国计民生，一个小的失误和事故，就有可能造成很大的损失，甚至危及整个电网的安全。

“三票两制”就是典型的例子。电力工程建设也同样如此，尤其在设备调试阶段，在调试之前，一定要对参与设备调试的人员进行培训就是这个道理。一旦在调试中出现误操作，不仅影响到安装设备的安全，甚至危及到与之相连的电网安全。所以，在调试之前，应反复要求调试人员熟悉调试手册，也就是安全教育中的技能和技术教育。只有先熟悉调试程序，才能进行正确的调试，也才能避免调试中发生安全事故。

这就需要我们加强安全教育和技能培训。为了保证电力工程建设的安全，在工程建设的各个阶段都需要进行包括管理人员在内的安全教育和技能培训。否则，很难管理好工程建设的安全工作，避免工程事故的发生。

（4）电力工程建设同其他工程建设一样存在着合同工、临时工、农民工并存局面。尤其是“三通一平”工程和土建工程阶段更加突出。这些工种的存在无形中就降低了企业的安全素质，而提高他们的安全素质的最主要手段是对他们进行频繁的安全教育和技术培训，使他们从思想上重视安全，从技术上掌握安全操作规程，从行动上自觉遵守安全规章制度。只有这样才能为电力工程建设提供良好的人员素质保证，才能在工程建设中更好地加强安全管理，为电力工程建设的安全奠定坚实的基础。

（5）电力企业的企业文化要求要对职工加强安全教育，电力企业一般是大型国有企业，非常注重企业的文化建设。同时，电力行业性质决定了提高供电质量的首要任务就是要避免发生安全事故影响正常的供电。从这两点来说，安全教育对电力企业的重要程度就可想而知了。

2. 加强电力企业安全教育的对策及建议

（1）建立以人为本、合理、高效的安全教育培训系统

坚持以人为本是创建安全教育培训系统的前提。树立以人为本理念，促进社会和人的全面发展，安全教育管理首先要求充分发挥每个人的主观能动性，使员工自身的潜能得到充分的发挥。我们都知道，安全教育的根本目的是为了人的安全。因而在安全教育管理过

程中，要始终坚持以人为本的原则，以实现人的价值、保护人的生命安全与健康为宗旨。安全教育的作用是让“要我安全”转变为“我要安全”，使“我要安全”的意识深入每个人心中，充分体现“我要安全”的自觉性、主动性，逐步使每个人时时处处事事都把安全记在心上，落实在行动上，做到人人都能“自主管理”“不伤害别人”“不伤害自己”“不被别人伤害”。在社会和企业内创造一种“安全第一”的思想氛围，形成一个互相监督、互相制约、互相指导的安全教育管理体系。

只有建立了与企业相适应的安全教育培训系统，才能够实现企业的安全教育目的，确保安全教育的有效运行，制定出安全教育目标加以具体计划实施，根据不同部门不同班组的特点落实计划，并在安全机构管理人员的检查督促下，定期对教育计划进行考察和评估，然后反馈给各部门，要求制订出整改计划，加以落实执行，再依据安全教育培训系统实行再循环的安全教育。

（2）安全教育的对象

在安全教育管理过程中，教育对象是人。其涵盖的范围较为广泛，一般应包括以下几点：一是对企业各级领导的安全教育，尤其是新任领导干部必须进行岗前安全学习；二是班组长的安全教育，因为班组长是生产第一线最直接的组织者和管理者，其安全素质的高低直接影响班组工作安全和质量；三是新入厂人员（包括企业参观人员、外包队伍及本厂新员工）的安全教育，他们对厂规厂纪、生产现场、危险源点及不安全因素极不熟悉，易触发不安全因素，继而转化为事故；四是调岗、复工人员及“节后收心”的安全教育；五是在采用新工艺、新技术、新材料、新设备、新产品等“五新”前，因员工对作业的危险因素预知能力低，缺乏经验易发生事故，因此应进行新操作方法和新工作岗位的上岗安全教育；六是特种作业安全教育，执行《特种作业人员安全技术考核管理规则》，严格持证上岗；七是安全继续再教育，随着科技更新、时间及环境的变化，学习安全管理知识，借鉴安全先进经验和现代安全管理技术，促使安全管理工作上台阶。

（3）安全教育的时间

安全教育时间的选择是否恰当直接影响教育效果，因此在教育时间上我们应慎重选择，一般在以下几种情形下应进行教育：岗前、发生事故、未遂事故后现场、“五新”投用前、检查发现有不安全因素时的安全教育，以及强化每月安全生产例会、每周安全日活动、两级安委会会议、每日早晚例会、定期班组活动等。另外，安全教育时间的长短也是影响教育效果的因素之一，如进行三级安全教育时，新员工厂级、车间、班组级安全培训教育时间各不少于24学时等。

（4）安全教育的内容

安全教育应包括劳动安全卫生法律、法规，安全技术、劳动卫生和安全文化的知识、技能及本企业、本班组和一些岗位的危险危害因素、安全注意事项，本岗位安全生产职责，典型事故案例及事故抢救与应急处理措施等项内容。安全教育的内容可概括为安全态度教育、安全知识教育、安全技能培训和事故与应急处理教育培训四方面。

①安全态度教育

安全态度教育包括思想政治方面的教育和具体的安全态度教育两方面内容。思想政治教育包括劳动保护方针政策教育和法纪教育。通过劳动保护方针政策的教育，使员工对安全生产意义提高认识，深刻理解生产与安全的辩证关系，纠正各种错误认识和错误观点，从而提高员工安全生产的责任感和自觉性。法纪教育的内容包括安全生产法规、安全规章制度、劳动纪律等。通过法纪教育，使员工认识到自觉遵章守法，是确保安全生产的保障条件。具体的安全态度教育是一项经常的、细致的、耐心的教育工作，应该建立在对员工的安全心理学分析的基础上，有针对性地、联系实际地进行。如要研究人的心理、个性特点，对个别容易出事的人要从心理上、个性上分析他的不安全行为产生的原因，有针对性地进行个别的教育和引导。

②安全知识教育

安全知识教育包括安全管理知识教育和安全技术知识教育。安全管理知识教育包括劳动保护方针政策法规、组织结构、管理体制、基本安全管理方法等知识。安全管理知识教育主要针对领导和安全管理人员，目的是使之能够更好地做好安全管理工作。安全技术知识教育包括基本的安全技术知识和专业安全技术知识。基本的安全技术知识是企业内所有员工都应该具有的。专业性的安全技术知识指进行各具体工种操作时所需要的专门安全技术知识。

③安全技能培训

仅有了安全技术知识，并不等于就能够安全地进行作业操作，还必须把安全技术知识变成安全操作的本领，才能取得预期的安全效果。有的新员工有安全操作的愿望，同时学习了公司基本的安全技术知识，但在实际操作时却出了事故，就是缺乏安全技能，力不从心的缘故。要实现从“知道”到“会做”的过程，就要借助于安全技能培训。

安全技能培训包括正常作业的安全技能培训和异常情况的处理技能培训。进行安全技能培训应预先制定作业标准或异常情况时的处理标准（作业程序、作业方法等），有计划有步骤地进行培训。要掌握安全操作的技能，就是要多次重复同样的符合安全要求的动作，使员工形成条件反射。但要达到标准要求的程度，通过一两次集体知识讲授是无法达到的。

④事故与应急处理教育培训

在这里，之所以把事故与应急处理教育培训这方面的内容特别提出来强调，是因为在安全教育培训内容中，这方面的内容至关重要，但它恰恰在平时常为我们所疏忽，从而造成不少令人遗憾、无可挽回的后果。

事故教育培训：第一，把外单位事故当作本单位事故一样进行宣传教育。例如，把兄弟单位发生的触电伤亡事故、高空坠落事故、设备事故和交通事故等，作为班组安全活动的重要内容，组织员工深入学习，吸取教训。第二，把未遂事故当作真正的事故一样对待。对已发生的未遂事故，立即组织人员查原因、论危害，及时制定班组控制未遂与异常措施，对未遂事故所涉及的人和事，按规定认真处理。第三，把过去的事故当作现在的事故一样落实整改。召开事故回顾会，让当事人讲事故发生的经过、事故处理过程中的失误、事故造成的严重后果及应吸取的教训。针对曾经发生的诸如触电伤亡事故、设备事故、送电事故、小动物事故等，以此为安全教育内容，制定工作危险点预控措施，开展灵活多样的班组活动。

应急处理培训：为了提高突发事件应急处理效果，加强事故应急管理工作，我们应因地制宜地采取模拟演练、实战演练、单项演练、组合演练以及面向班组基层等演练方式，认真开展各类突发事故应急预案演练活动，进一步检验各类应急预案的可操作性、实用性，验证应急保障能力的合格性，使员工在发生各类事故后能够熟练掌握所应采取的措施及要领。同时，组织生产人员集中学习《事故案例汇编》《突发事件应急管理规定》等相关知识，全面提高员工的应急处理能力。

（5）安全教育的方法

安全教育的方法是否恰当也是影响教育效果的一大因素。生动活泼的安全教育形式能有效地提高员工的安全意识和安全技能，使安全教育免于枯燥说教，真正起到预期效果。结合事故案例进行教育，使人触目惊心、印象深刻；模拟性的安全训练能使人迅速牢固地掌握安全操作的技能；竞赛性质的教育方法能激励人进取，生动有趣。总之，要根据各个单位的实际情况，有所发展，有所创新，才能取得好的教育效果。

现在国内一些著名的电力企业如中国南方电网公司、国家电网公司、华电集团公司、华能电力等企业的企业文化都非常出名，也有各自的特色。而安全文化是其中的重要组成部分。他们通过发展、弘扬企业安全文化，通过常态化地对职工进行企业的安全理念和安全目标、安全技能、安全规章制度的教育，通过运用企业安全文化的潜移默化的影响，使安全文化自觉成为员工安全生产的思维框架、价值体系和行为准则，使他们自觉自律地遵守企业制定的各项安全纪律和安全规章制度，自觉地按正确的方式行事，从而形成独特的安全文化和企业文化，在社会上树立起良好的企业形象，提高企业的竞争力。三级安全教育是员工能否进入施工现场进行安全施工的前提，是工程进行有效安全管理的基础。只有有针对性地对员工进行三级安全教育和岗前培训，并通过严格的安全考试才能掌握员工的安全素质，制定相应的安全管理措施。同时，通过严格的考试合格准入制度组建一支安全素质相对较高的施工队伍是保证工程建设安全顺利的前提。

专职安全员是工程建设安全保证体系正常运行的实施者和执行者，安全员素质的高低和工作责任心的大小，对工程能否安全顺利建设有不可替代的作用。因此，加强专职安全员的安全教育十分必要。而安全员的教育主要是进行安全法规和政策的教育、最新安全知识和安全理念的教育、前沿安全成果的教育，让他们掌握最新的安全管理知识和管理方法，并通过他们的贯彻实施和宣传，使新的安全知识和安全理念能快速在工程建设中得到推广与应用。

由于电力工程建设不像产品的生产，有生产流水线，有固定操作规程，而是随着工程建设进展到不同的阶段，安全工作的重点和注意事项有所不同。因此，在职工中开展经常性安全教育工作就显得十分必要，通过开展经常性的安全教育活动适时提醒他们警惕应注意的安全事项，对于加强工程建设的安全管理，避免工程安全事故无疑是必要的。

总之，安全教育工作对于电力工程的建设安全是非常重要，是电力工程建设安全的前提和基础。离开了安全教育，无论是工程建设和职工个人的安全都不可能得到保障，企业不可能在社会上树立良好形象，也不可能在市场中具有强大的竞争力。因此，重视和加强安全教育是十分必要的。我们要坚持不懈地抓各种环节的安全教育，不断探索安全教育的新途径，不断加强现代管理和安全保障的培训，其中包括理念、知识、实际操作等诸多方面的培训，在电力企业内部营造一种以人为本、“人人树立安全意识、人人掌握安全知识、人人取得安全考试的好成绩、人人学会使用消防器材、人人学会现场急救、人人都有自我保护的能力”的全员、全过程、全方位的安全管理氛围。

二、电力安全教育机制创新途径

（一）建立安全教育新模式

（1）针对安全教育广泛性的特点，采取分层次教育方式。根据不同岗位特征采用有针对性的安全教育手段及内容。对技术、管理人员通过传播安全教育新思路，宣传相关政策法规新动向，理顺安全生产与企业发展相互促进、相互提高的新思路；对一线生产职工以贴近工作实践的内容开展经常性的安全教育座谈活动，结合各时期安全动态与企业内部安全活动特点，开展相关专题安全讲座讨论，加强生产员工安全防范的意识和能力，同时以浓烈的安全宣传氛围深入职工的生活和工作，构筑一个企业内部职工相互学习、相互促进的安全协作环境。

（2）充分运用现代科技开展企业安全教育。积极开发和传播多媒体安全教材，以生动逼真的形式加强安全教育效果。大力开发具有各种岗位、工种特点的计算机事故预想与处理仿真系统，开展事故演练培训，提高职工防范事故的能力。

（3）建立健全安全教育架构。合理实行企业内部资源配置，通过设立安全教育专职，开展安全教育题材策划与组织传播，明确企业内部各层次安全教育成员职责，建立相关安全教育激励与约束机制，促使安全教育走向规范化。

（二）拓展安全教育资源开发与共享

（1）电力企业内部有计划、有步骤采取专题教育培训及座谈形式，充分利用各种事故通报开展安全教育，有效缓解安全教育资源不足的矛盾；相对集中资源优势，开展安全教育课题的开发与应用推广，同时通过电力企业间安全教育资源的优势互补与有偿共享等协作途径，促进企业间的交流与合作实现电力安全教育资源的开发与使用效能的最大化。

（2）以区域性电力企业为主要服务对象，构筑产业化安全教育实体，有效缓解企业自身资源不足的矛盾。通过独立经济实体营造的区域内设施，包括各类仿真培训设备和基地，以及研究开发的各种新型培训教育内容，对区域内电力企业实行有偿服务，一方面避免了各电力企业研究与设施重复投入造成的浪费，另一方面通过专业化研究成果实施电力职工安全教育工作，也可收到更为明显的效果。

（三）构筑企业多层次安全教育人才体系

（1）企业安全教育的人才结构应有利于企业策划和开展各项安全教育工作，并通过侧重继续教育，不断提高相关人员在社会科学与管理科学方面的知识水平，促进企业安全教育工作不断创新发展。

（2）生产第一线职工安全防范意识与能力的提高是企业安全教育工作的核心。为确保企业安全教育工作真正落到实处，必须在生产第一线职工中积极挖掘和培养安全教育人选，努力利用班组教育中的人缘和地缘优势，根据不同班组的生产作业特点，及时调整教育内容和形式，在生产第一线建设一个有效的安全教育阵地。

（四）确立安全教育激励与约束机制

（1）建立有效激励与约束机制的基础，须立足于对安全教育工作的综合测试与考核评价。测试与评价既要考虑安全教育的实际工作量，更须根据职工接受安全教育的效果加以评判。建立企业安全教育资料库，汇总相关培训及教育资料，用于评判安全教育工作的成效。

（2）实施企业全员安全教育考评，避免安全教育工作走过场。一方面要激发全体安全教育工作者积极创新，提高安全教育工作效能；另一方面要调动职工参与安全教育的热情，保障安全教育工作顺利开展。

（3）推行岗位绩效奖励与岗位竞争机制，以市场机制促进企业安全教育工作水平的提高，扭转安全教育工作干好干坏一个样的不良局面，完善企业内部安全教育工作的激励与约束机制。

三、电力安全事故防范应急

企业防范事故责任重于泰山。防范多几分努力，事故就少几分可能，长时间搞安全的经验，防范恶性事故必须防线前移。防范事故，责任重于泰山。

（一）未亡羊，先补牢，三不放过

中华人民共和国电力行业标准《电业生产事故调查规程》规定：调查分析事故必须实事求是，尊重科学，严肃认真，要做到事故原因不清楚不放过，事故责任者和应受教育者没有受到教育不放过，没有采取防范措施不放过（简称“三不放过”）。调查处理事故的“三不放过”，是亡羊补牢，意在防范，意在不再亡羊。

如果未亡羊先补牢，对存在的严重问题，原因和责任不清楚不放过，责任人受不到教育不放过，问题得不到解决不放过，居安思危，防患于未然，更积极。但是，想到这一点还比较容易，真正做起来却很难。在实施“严重问题‘三不放过’的追究前移”时，规定哪些问题‘三不放过’，非常关键，规定严了，难以实行；规定宽了，形同虚设，需要因地制宜，宽严适度，循序渐进。

采取的具体措施和主要做法是：哪些问题才三不放过，明文规定在先，对事不对人。

开展“三项活动”（百次工作无违章、千项操作无差错、百次调度无误令），抓典型，奖工作、奖无误。

以内部（相对）追究为主、外部监督为辅，领导班子成员，谁主抓的工作谁负责追究，侧重自我教育。一视同仁，始终如一，一把尺子量到底。

（二）上岗前，验“三强”，拒绝勉强

安全生产三要素中的人、设备、制度，设备健康是基础，制度的健全并落实是保障，人是关键。电力建设，电力生产，电网运行，以及安全生产的组织建设、责任划分、制度制定、制度落实、设备维护等，确保安全生产，人是决定性因素。安全生产中工作人员的业务素质、责任心、安全意识都必须增强（简称素质、责任、意识“三强”）。业务素质强是前提，责任心强、安全意识强是保障。现在一些特殊岗位、危险工种，国家法规规定必须在上岗前经过培训，考核合格才能上岗。岗前培训，侧重于提高业务素质，决不可流于形式。

客观上业务素质水平没有极限，不可能一步到位，所以，还需要不断地培训、自学，绝不能一劳永逸。

多年的安全管理告诉我们，更为重要的是，业务素质、安全责任心、安全意识的“三强”工作要融入日常工作中，要在每次上岗前、上班前、工作前检验，拒绝一些“凑合”“勉强”上岗、上班、工作。电力工作，危险性很大，一步之差、一言之差、举手之差，都可能造成恶性事故。

（三）未工作，先模拟，析险释疑

电力设备的操作，规程规定必须先在模拟板上模拟操作，审核无误后，才能实际操作。模拟操作对于防范误操作、防范事故，举足轻重。模拟现场工作法的要点是，两清楚、五明确、一释疑、两完善。

1. 两清楚

工作现场清楚，工作负责人能徒手画出现场草图，工作人员对地形、设备、相关、相邻等情况清楚。

工作危险点清楚，危险点有几个，分别在谁的工作范围，将采取什么措施，应注意哪些事项等，都必须事先搞清。

2. 五明确

各自的工作任务、工作目标明确，各自的工作范围、工作位置明确，工作人员对本次工作采取的安全措施、作业措施明确，各自工作中的危险点及应注意事项明确；协作、配合的单位和人员要明确。

3. 一释疑

工作人员对不清楚、有疑问的要在模拟现场工作时提出来，彻底搞清楚。

4. 两完善

对在“五明确”“一释疑”中发现的遗漏或隐患，要完善“工作票”中的安全措施，要完善“作业措施票”中的作业措施。

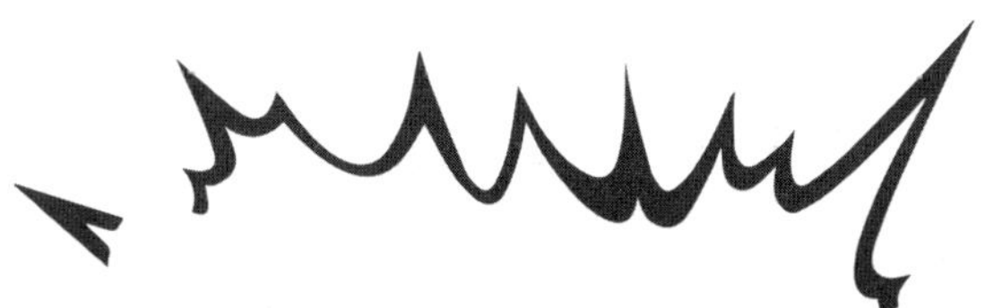

第六章　智能电网工控安全及其防护技术

第一节　智能电网工控安全概述

一、工业控制系统概述

（一）工业控制系统的概念

工业控制系统（ICS）是指由计算机与工业过程控制部件组成的自动控制系统，它由控制器、传感器、传送器、执行器和输入/输出接口等部分组成。这些组成部分通过工业通信线路，按照一定的通信协议进行连接，形成一个具有自动控制能力的工业生产制造或加工系统。控制系统的结构从最初的计算机集中控制系统（CCS），到第二代的分布式控制系统（DCS），发展到现在流行的现场总线控制系统（FCS）。随着智能化工业的发展，基于以太网的工业控制系统得以迅速发展。

根据中华人民共和国公共安全行业标准中的信息安全等级保护工业控制系统标准，可将通用的工业企业控制系统层次模型按照不同的功能从上到下划分为五个逻辑层，依次为企业资源层、生产管理层、过程监控层、现场控制层和现场设备层。

根据不同的层次结构划分，各个层次在工控系统中发挥不同的功能。

企业资源层主要通过企业资源计划（ERP）系统为企业决策层及员工提供决策运行手段。该层次应重点保护与企业资源相关的财务管理、资产管理、人力管理等系统的软件和数据资产不被恶意窃取，硬件设施不遭到恶意破坏。

生产管理层主要通过制造执行系统（MES）为企业提供包括制造数据管理、计划排程管理、生产调度管理等管理模块。该层次应重点保护与生产制造相关的仓储管理、先进控制、工艺管理等系统的软件和数据资产不被恶意窃取，硬件设施不遭到恶意破坏。

过程监控层主要通过分布式数据采集与监控（SCADA）系统采集和监控生产过程参数，并利用人机交互设备（HMI）系统实现人机交互。该层次应重点保护各个操作员站、工程师站、用于过程控制的对象连接与嵌入技术（OPC）服务器等物理资产不被恶意破坏，同时应保护运行在这些设备上的软件和数据资产，如组态信息、监控软件、控制程序/工艺配方等不被恶意篡改或窃取。

现场控制层主要通过可编程控制器（PLC）、分布式控制系统（DCS）控制单元和过程终端单元（RTU）等进行生产过程的控制。该层次应重点保护各类控制器、控制单元、记录装置等不被恶意破坏或操控，同时应保护控制单元内的控制程序或组态信息不被恶意篡改。

现场设备层主要通过传感器对实际生产过程的数据进行采集，同时，利用执行器对生产过程进行操作。该层次应重点保护各类变送器、执行机构、保护装置等不被恶意破坏。

（二）智能电网工控系统

随着计算机技术的发展、自动化水平的提高和信息网络的延伸，电力系统越来越依赖于信息系统来保证其安全、可靠、高效运行。智能电网是将传感测量技术、通信技术、信息技术、计算机技术和控制技术与物理电网高度集成而形成的新型电网，其中工业控制系统则是新型电网中关键基础设施的基石。

工业控制系统是由各种自动化控制组件及负责实时数据采集、监测的过程控制组件共同构成的确保工业基础设施自动化运行、过程控制与监控的业务流程管控系统。其核心组件包括数据采集与监控系统、分布式控制系统、可编程逻辑控制器、远程终端、智能电子设备，以及确保各组件通信的接口技术。

在电力系统中，电网数据采集与监控系统是以计算机为基础的生产过程控制与调度自动化系统，可以提高效率、加快决策、快速诊断系统故障状态，已成为电力调度不可缺少的工具，它有助于提高电网运行的可靠性、安全性与经济效益，减轻调度员的负担，实现电力调度自动化与现代化，提高调度的效率和水平。电网数据采集与监控系统故障会使电力系统失去可控性和可测性，严重的甚至可使整个系统陷于瘫痪。

典型的工业控制系统控制过程通常由控制回路、HMI、远程诊断与维护工具三部分组件共同完成，控制回路用以控制逻辑运行，HMI 执行信息交互，远程诊断与维护工具确保出现异常操作时进行诊断和恢复。

二、智能电网工控安全风险分析及其防护

现有的电力控制系统存在哪些问题？首先，控制系统本身发展很快，但现有工业控制系统安全防护滞后于系统的建设速度，工控系统缺乏自身的安全性设计。工业控制系统安全威胁已不局限于信息安全方面，系统内部缺乏安全保障机制。其次，现有工业控制系统

面临着现实和潜在的威胁，包括自身人员能力不强、设备老化陈旧、外部入侵手段复杂多样等隐患。电力行业传统安全防护手段覆盖范围存在局限性，无法适应智能电网建设需求。随着用电负荷增长，间歇式能源飞速发展，电力控制安全环节增多，对电力防危保障体系建设需求日益紧迫。

随着信息化新技术在电网中的广泛使用，智能终端的接入数量和接入方式不断增多，在给用户带来便利的同时，也引入了大量安全风险和新的挑战，工控系统面临的网络安全威胁和风险也日益突出，所以开展智能电网环境下，工控系统信息安全防护研究迫在眉睫。本节对智能电网环境下工控系统可能面临的信息安全威胁进行了分析。

近年来，随着电网信息化建设发展，工控系统安全防护体系逐步完善，按照“安全分区、网络专用、横向隔离、纵向认证”的原则，对电力生产控制系统的边界采取了有效的安全防护措施及纵深防御策略。但是，随着工业控制系统和设备中新的漏洞、后门等脆弱性信息的发现和披露，电网工业控制系统面临如高持续性威胁（APT）等更加隐蔽的攻击风险。确保工控系统信息安全对提高企业信息安全整体水平、保证用户的用电安全具有非常重要的意义。

（一）风险的概述

智能电网充分发挥了电网资源优化配置的作用，具有坚强可靠、经济高效、清洁环保、透明开放、友好互动的典型特征。结合这些特征，将智能电网所面临的安全风险归纳为以下五点。

（1）电网复杂度增加，使安全防护的难度加大。智能电网是一个多网融合的网络，在发电、输电、变电、配电、用电及调度等几个环节中，应用物联网技术感知采集海量的实时数据、非实时数据、结构化数据、非结构化数据，同时，大量智能终端如新能源电动汽车、家庭太阳能、智慧城市等，使得电网架构更加复杂，给智能电网带来了新的信息安全隐患。

（2）通信网络环境更加复杂。随着第四代无线通信技术（TD-LTE）的成熟，5G 环境下智能电网的网络试点平台也相继建成。TD-LTE 试点网络平台为实现配电自动化提供了高可靠、高速率、低时延的业务通道，为配电自动化“五遥”功能的实现提供了通道保障。同时，大量智能仪表、移动终端也广泛投入应用中，提高电网智能化、自动化的同时，也使得电网的网络环境更加复杂，受威胁的环节增多。

（3）安全接入技术更加多样、灵活。国家电网公司将信息网划分为信息内网与信息外网，并在两个网络之间采用专用隔离装置进行安全隔离，信息内、外网边界的各类接入对象通过多种接入方式与信息内、外网进行数据交换与通信。而智能电网采用物联网技术，在移动网络的基础上集成了感知网络和应用平台，使得智能电网具有更加复杂的接入环境、多样灵活的接入方式、数量庞大的智能接入终端。如何保证各类分散的接入对象安全、可信地连入电力信息网络，同时保证机密数据不会遭到泄露，并且实现对接入对象和操作的监控与审计，是智能电网信息化建设中迫切需要解决的问题。

（4）软硬件设备进口使得信息安全不可控程度更高。由于认识能力和技术发展的局限性，在硬件和软件设计过程中，难免留下技术缺陷，由此可造成网络的安全隐患。如全球90%的微机都装有微软的 Windows 操作系统，许多网络黑客就是通过微软操作系统的漏洞和后门进入网络的。

（5）业务的漫游办理使数据安全受到威胁。电网公司的营业厅实施“大营销”改造，所有营业厅都能漫游办理业务，联网在各处银行交纳费用，电力决策部门可根据需求调整电力生产计划，但是“大营销”的开放环境也使数据丢失和受到远程攻击的可能性上升。

面对如此现代化、自动化、信息化、互动化的智能电网，信息安全所面临的威胁更加复杂，信息安全问题也更加突出。如果电力信息网络发生重大安全事故，那么造成的损失将不可估量，不仅表现在经济方面，还包括社会影响、人们生活等。

（二）风险有多大

1. 物理和环境安全风险

物理和环境安全是指智能电网运行所必需的各种物理设施的安全，主要包括输电线缆被盗安全、自然灾害毁坏安全、篡改和用户认证安全等方面。硬件设备是保障智能电网信息系统稳定运行及电力正常输送的物理基础条件。在智能电网中，智能设备主要用于替代人们完成复杂而危险的工作，在这种无人检查的环境下，非法攻击者经常通过设备去盗取和篡改系统信息，或者设备会遇到自然灾害的损坏。

智能电网的物理安全是指智能电网系统运营所必需的各种硬件设备（例如输电线路、各种接入终端等）安全，是智能电网整体安全的重要内容。物理安全防护的目标主要是防止有人通过破坏电网外部物理组成以达到使系统停止服务的目的，或防止有人通过物理接触的方式对系统进行入侵。要做到在信息安全事件发生前和发生后能执行对设备物理接触行为的审查和追查。

智能电网的物理设备组成是整个电网运行的基础，绝大多数的电网信息数据都是通过物理渠道进行传输，由于巨大的数据量和繁多的数据类型，造成对数据的管理很难有一个统一的标准，加上访问控制和认证管理不完善，容易造成用户访问机制失序，数据被泄露、修改。物理环境安全防护不当会造成数据丢失等问题，会严重阻碍整个智能电网的稳定运行。与此同时，智能电网中采用的一些高端设备，由于运维人员的不恰当操作也可能导致电网出现安全隐患，造成对智能电网正常运行的影响。

2. 网络安全风险

网络安全风险主要有边界安全防护、远程访问、可信身份认证、网络协议、网络拓扑图这五方面。

边界安全防护主要是信息泄密、入侵攻击、网络病毒、木马入侵、网络攻击等。可以看出网络边界的安全问题主要来自外部，并且形式、性质多种多样，所以我们需要对一切的外来通信进行监控，控制入侵者的必然通道，设置不同层面的安全关卡，建立容易控制的缓冲区，架设安全监控体系，对于进入网络的每个用户进行跟踪、审计其行为等。

远程访问安全为我们带来极大便利的同时也带来了安全隐患，远程访问通常都是通过互联网进行控制，然而互联网又具有很多的不可控因素，所以对电网会造成一定的安全风险，需要对其进行安全防护。一般都是利用网络安全防火墙加上一些安全认证协议，虽有风险，但程度较低，相对于远程访问带来的便利还是可以接受的。

可信身份认证存在以下风险：传统的终端用户的登录系统上，用户访问数据的权限依赖于传统的密码识别机制，攻击者可以轻易破解，可能导致用户数据被其他用户非法使用；终端访问网络方式的多样性增加了电力通信系统内部网络信息被恶意盗窃的可能性，入侵者可以通过系统安全漏洞篡改重要信息；用户终端与接入网之间的差异性、电力系统存储空间的共用与资源共享降低了系统检测用户行为的能力；攻击者非法访问、蓄意攻击，是电力通信网络安全运行的严重威胁，会影响电力系统的稳定运行。

网络协议是就网络中进行数据交换而建立的规则、标准或约定，一个成熟的网络协议能带来较高的安全性，因为协议使用环境的不同，工控协议为了适应互联网的运行做了修改，因此带来一些可被利用的安全漏洞，需要对其进行更换或者改善。

网络拓扑图可以帮助人们更了解他们的网络，比如节点在哪儿，它是什么类型的设备，以及节点如何相互连接。当我们知道这些信息时，就可以在故障发生时快速找到故障，分析其出现的原因及如何解决。

3. 主机安全风险

主机软件安全风险：软硬件老化严重，设备故障率逐年提高；资金投入严重不足，造成主机设备超期服役、带病运行；管理有弱化倾向，认为主机管理可有可无。

配置和补丁风险：随着互联网的不断发展壮大，因漏洞攻击导致的网络安全事件层出不穷。全球每年因漏洞攻击导致的经济损失巨大，且逐年增加，漏洞已经成为危害互联网安全的主要因素之一。由于系统漏洞越来越多，漏洞被利用的速度也随之加快，网络攻击技术和攻击工具不断更新，网络安全形势十分严峻。

4. 工业控制设备安全风险

工业控制系统（ICS）广泛应用于工业、能源、交通、水利及市政等领域，用于控制生产设备的运行。一旦工业控制系统信息安全出现漏洞，将对工业生产运行和国家经济安全造成重大隐患。工业控制系统产品多采用通用协议、通用硬件和通用软件，以各种方式与互联网等公共网络连接，病毒、木马等威胁正在向工业控制系统扩散，工业控制系统信息安全问题日益突出。随着社会的发展，在国家政策、技术创新和工业参与者需求转变等多个维度的共同驱动和协同下，工业正朝着数字化、网络化、开放化、集成化的工业互联方向发展，将面临更加复杂的信息安全威胁。

5. 应用系统安全风险

智能电网中主要的应用系统是 Linux 和 Windows。近年来，系统的更新越来越快，伴随着系统更新进步的同时，应用系统的安全风险也随之增大，应用系统的安全防护主要有以下三种方式。①身份认证：介绍一个基于用户社交行为身份认证平台，提供了一种部署在电力云各业务系统便捷且安全的统一身份认证机制，利用用户手机具有的社交特性，通过传递用户和好友之间的信任，达到认证用户身份的目的。②访问控制：就是通过某种途径，显式地准许或限制访问能力及范围的一种方法。通过访问控制服务，可以限制对关键资源的访问，防止非法用户的侵入或者因合法用户的不慎操作所造成的破坏。③安全审计：安全审计技术作为一种事后获得电子证据的方法，在发现系统信息安全漏洞、网络入侵行为调查取证分析等方面起着重要作用。安全审计通过记录可疑数据、入侵信息、敏感信息等，能够监视和控制来自信息系统外部的入侵行为，还能够监视来自内部人员的违规和破坏操作，能够对时间跨度较大的累计型安全事件进行发掘，并事后获得直接的电子证据，防止行为抵赖。

对应用系统的安全防护一般还配备有运维人员进行管理，提高应用系统的安全性，如果系统安全性太低，导致系统被入侵，那么将导致巨大的经济损失甚至人员伤亡。系统安全需要运维人员及时修复漏洞、严格制定安全策略、合理设置文件系统和数据库系统等，既保证程序能够正常运行，又不给多余的权限，不给入侵者侵入机会，那么应用系统被侵入的可能性就大大降低。

6. 数据安全风险

随着大数据时代的到来，智能电网产生的数据量也越来越大，近几年几乎是呈指数形式增长，数据源多，数据量大，加之具有实时性和内容共享的要求导致数据的私密性受到了严重的影响。

智能电网云存储系统可以存储智能电网中大量的数据，这些数据在业务系统与外界的用户之间进行交互时，存在数据泄露风险。而对于一些新技术来说，其本身就存在着一些漏洞，会有数据安全的风险。当这些新技术推广到智能电网中时，这些风险也会带到智能电网中来。一般来说，在接入智能电网终端时，须从智能电网云存储系统中获取数据，但如果控制或非法接入这些智能终端时，会对智能电网造成巨大安全问题，因此需要保护智能电网云存储中的数据。智能电网信息系统的基本安全性有保密性和完整性，且其对数据安全的保护主要体现在保护数据的保密性和完整性。

7. 接入安全风险

终端安全是接入风险的一个重点，终端不安全，造成的后果是非常严重的。在深入推进智能电网建设的同时，海量智能、可编程的设备将接入电网，对电网运行进行实时监控，提升电网系统稳定性、可靠性。智能设备能够支持远程控制，比如远程连接、断开、配置、升级等。在信息技术发展带来便利的同时，安全漏洞也同样伴随左右，通过入侵智能设备，黑客可以对设备进行完全控制，对某些设备功能进行破坏，甚至有可能控制局部电力系统，造成非常严重的后果。

随着电网运行模式和服务模式的转变，智能电网的结构也越来越复杂，获取智能电网服务的用户也越来越多，其中伴随着的安全隐患就是安全传输（包括节点安全、网络安全和软件安全），如果防护不当就会造成严重的后果。例如，无线信道的开放性特征使得安装在特定环境中的节点被顶替的可能性变大，恶意攻击者假冒节点的可能性增大，攻击者可能会根据该节点的功能特点、服务类型窃取合法用户的服务，为用户的生活带来不必要的麻烦。

在通信过程中，节点与服务器一直处于被要求认证的状态将增大服务通信量，为本来就有限的带宽带来更重的负担，增大交互信息服务成本，缩减节点寿命，降低服务器的服务效率。

节点与电网服务器的安全认证大多是通过相互认证完成的，这样的认证方式安全性不高，容易被黑客攻击，造成电网信息泄露。

（三）防护总体方案

通过分析智能电网对信息安全防护的总体需求，结合国家等级保护要求和国家电网公司已有的工程总体防护方案，构建了有效指导智能电网信息安全防护工作的主动防御体系，并在此基础上设计了具体落实智能电网信息安全防护工作的总体防护方案。

1. 智能电网信息安全主动防御体系构建

智能电网信息安全主动防御体系遵循“分区分域、安全接入、动态感知、精益管理、全面防护”的主动防御策略。

2. 智能电网信息安全防护总体方案设计

通过对智能电网业务系统特点分析和研究，将智能电网系统抽象为主站系统层、通信网络层和终端层。

智能电网业务系统信息安全防护设计遵从“分区分域、安全接入、动态感知、精益管理、全面防护”的防护策略，将国家电网公司智能电网业务系统信息安全防护划分为物理环境安全防护、业务终端安全防护、边界安全防护、网络环境安全防护、主机系统安全防护、应用与数据安全防护六个层次进行主动全面的安全防护措施。设计方案设计的安全控制措施包括：分区分域、网络隔离、安全接入、数据保密、身份鉴别、访问控制、网络设备安全、安全加固、入侵检测、内容安全、病毒防范、监控审计、备份恢复、资源控制、剩余信息保护、开发安全及物理安全措施。其中，用于确保智能电网信息安全的重点安全控制措施包括分区分域、网络隔离、安全接入、数据保密、身份鉴别、监控审计、开发安全等。核心技术要求包括以下四点：①将智能电网信息系统进行等级保护定级，划分安全域，按照等级保护要求和智能电网总体防护方案进行防护。②根据接入信息内网智能终端所承载的业务和处理的信息的重要程度，选择使用安全加固、安全芯片、安全通信模块组件、数字证书、安全、订制终端等手段确保终端安全可信，防止终端外联互联网。③智能终端与信息内网主站系统之间建立专用加密通道，保证远程数据传输的机密性、完整性及可用性。接入边界采用安全接入平台，实现终端身份认证、安全接入及安全数据交换检测等。④加强对智能电网信息系统的安全状态的监控预警，加强管理控制和基础安全防护。

智能电网信息安全防护总体思路如下：①从物理环境、数据库、主机、业务系统应用、用户终端、设备终端、主站、传输通道、网络边界接入等多个方面加强基础安全防护。对于远程控制类智能电网系统安全防护（包括智能电网调度技术支持系统、智能变电站系统、配电自动化系统、大规模风电功率预测及运行控制系统等）具有控制功能的系统或模块，控制类信息经由生产控制大区网络或专线传输，严格遵守电力二次系统安全防护方案，基于国家认可密码算法对系统终端与主站进行身份认证及访问控制，采取强身份认证及数据完整性验证等安全防护措施保障主站的控制命令和参数设置指令安全。②对于信息采集处理类智能电网系统（包括用电信息采集系统、输变电设备状态在线监测系统、电动汽车智能充换电服务网络运营管理系统等）具有采集功能的系统或模块，根据采集信息的保密性，采用身份认证及访问控制措施和专线接入内网的方式；不具备专线条件时，在虚拟专网基础上采用终端身份认证访问控制措施、建立加密传输通道进行信息采集。同时，加强对采集终端存储和处理敏感业务数据的安全防护，以保证业务数据的保密性和完整性。③对海量信息互动与空间地理信息类智能电网系统（包括地理信息系统和电网统一视频监视系统等应用），对存储或处理大量基础业务或敏感业务数据进行分类存储，并采取严格的用户访问控制、安全审计等措施加强对敏感业务数据的防护，将涉及敏感信息的系统数据库部署于内网，并部署对重要地理信息、语音、视频类信息的安全存储和安全传输措施。④对互联网应用类智能电网系统（包括互动网站等基于互联网应用的系统或模块），对网站基础数据、账户数据、电力客户档案、客户电量电费等敏感数据进行分类安全存储，对于信息外网的应用需要穿透访问信息内网的数据或服务，制定严格的双向身份认证、访问控制、安全传输等专项安全防护措施，保障应用快速穿透和信息安全交互，满足客户服务，及时响应需求。⑤对于采用无线专网或运营商虚拟专网接入公司内部网络的网络传输类应用，在网络边界部署安全接入平台，建立专用加密传输通道，实现终端身份认证、安全准入和数据安全交换。对于采用专线的内网传输，采用访问控制措施。

第二节　数据安全及其防护技术

一、数据防泄露关键技术

智能电网中海量的数据都需要云存储系统进行存储与管理，而在系统与用户、业务系统之间交互时，会有数据泄露的风险；智能电网系统引入的新兴技术，由于技术本身安全策略的不完善，会给智能电网带入新的数据安全风险；智能电网中存在大量智能终端，终端会与云存储系统进行数据交互，当这些终端被非法入侵时，可能会造成系统数据的泄露。

数据防泄露技术是一种能够很好地解决终端、网络及存储数据泄露的保护措施。本节基于数据防泄露技术的特点和实现原理，结合电网信息化建设中敏感数据保护的需求，提出了数据防泄露技术在电网信息化建设中的实现思路和应用规划。

（一）敏感数据防泄露安全模型和保护策略

对于电力行业而言，来自外部的威胁，如病毒、木马、网络攻击等往往还不是特别重要的，来自内部的数据泄露才是我们更应该关注的问题。即使再小的公司，也会存在数据泄露的风险和隐患。然而一旦发生，将会让公司面临安全、财产、知识产权、隐私、法律等诸多方面的威胁。据统计，大部分的数据泄露都是员工无意识的行为，但也存在员工有意泄露的情况。当发生数据泄密时，在安全专家忙于恢复敏感数据和修补泄密漏洞期间，企业的时间、资金和声誉都会遭受到严重的威胁。安全专家总处于一场没有终点的战争中，当原来的泄密漏洞刚刚得到控制，新的数据泄密情况却又伴随着其他众多设备的使用而频繁出现。①泄密其实很容易。每 400 封邮件中就有 1 封包含敏感信息，每 50 份通过网络传输的文件中就有 1 份包含敏感数据，每 2 个 USB 盘中就有一个包含敏感信息。②泄密的损失超乎想象。全球有 80%的企业存在着信息泄露的风险。③泄密防护迫在眉睫。在所有被调查的公司中，进行常规性安全检查的公司不到 50%，而采取技术措施进行控制的公司只有 30%，国内的比例更低。在泄密事件的调查统计中，有 96%是因为流程缺陷和内部员工的无意识泄密所致。

1. 敏感信息的主要泄密途径

针对计算机敏感信息保护工作对于电力行业依然是严峻挑战，特别是电子文档、资料、合同、方案、核心配置等信息容易泄露和被窃取，这些在业务经营过程中掌握或知悉的内幕信息及尚未公开的信息，大都是以电子形式存储，一旦泄露可能对投资决策产生重大影响。为了更好地防护电网的敏感信息不被泄露，下面简单介绍一下当前主要的泄密行为和途径。

（1）无意泄密。例如，不知道磁盘或移动硬盘上剩磁是可以还原并提取的，将以往存储过机密信息的磁盘流出或报废前不做任何技术处理，因而造成泄密；不知道连接互联网的计算机，极易造成本地磁盘数据和文件被黑客窃取，网络管理者并没有高的安全意识；违反规定把用于处理秘密信息的计算机，同时作为上网的机器；使用 Internet 传递国家秘密信息等。

（2）故意泄密。情报机构通常会采用金钱等手段引诱和收买内部人员，窃取内部秘密信息并传递出去，特别是对于容易接触机密数据的程序员、系统管理员，一旦被策反，就可以很容易破解计算机系统软件保密措施，获得使用计算机的口令或密钥，从而打入计算机网络，窃取信息系统、数据库内的重要秘密；操作员被收买，就可以把计算机保密系统的文件、资料向外提供；维修人员被威胁引诱，就可利用维修计算机或接近计算机终端的机会，更改程序，安装窃听器、后门、木马等。

2. 常见数据防泄密技术

目前对于主流的防泄密技术，有两种典型思路：一种是采取强控制，另一种是采取强检查。而在区分信息机密性时，也有两种主流方法：一种是基于信息载体上的权限，另一种是基于信息的内容。常见的产品有安全审计技术、终端监控技术、文件加密权限技术、透明加密技术。下面将分别讨论各项防泄密技术的特点。

（1）安全审计和终端监控技术

网络终端监控通过计算机网络对分布在网络上的计算机实现远程监控管理工作。这种监控管理是通过对基于网络通信的标准通信协议和对目标主机的准确控制来实现的。网络监控管理就是建立在现代的计算机技术、通信技术、控制技术及图形技术上的一个新的应用。它采用多元的信息传输监控管理和一体化的集成，实现了消息、资源和任务的共享，达到了监控的实时、快速和有效，并能够跟其他的计算机网络系统互联，向用户提供了一个更高效、更全面、更安全、更快捷的服务方式，它改变了传统的监控模式。网络终端监控软件可以监控到目标计算机的网络通信、文件操作、屏幕显示、进程活动等各种内容。

（2）文档加密权限管理技术

文档权限管理系统一般通过一个集中的权限管理中心，对每一个文档的访问权限进行控制。文档作者设置可以访问该文档的用户和操作权限，然后发布到服务器。用户访问文件时，通过服务器获得相关的权限后解密文档使用。

（3）透明加密技术

透明加密系统的核心运行于操作系统的核心态，即文件过滤驱动层，它实时加密写入文件系统的文件，实时解密从文件系统读出的文件。透明加密系统的工作原理就是修改系统对文件操作的接口。对于运行在操作系统上的应用程序而言，它们的操作都是需要依赖操作系统底层内核驱动实现的，只有内核驱动才是真正和底层设备打交道的。内核会提供给应用程序一个开发的读写操作接口，应用程序只需要调用这个接口来完成读写操作就可以了。如果修改了这个读写操作的内核驱动的实现，就会改变所有应用程序的读写行为。

3. 电网数据防泄露体系框架

为了更好地解决电网信息化建设过程中存在的敏感数据泄露风险，本节基于数据防泄露技术的特点和实现原理，提出了电网敏感数据防泄露体系架构。整个数据防泄露的体系结构主要分为访问层、防护层和对象层。对象层包含可以存放各类智能电网和SG ERP业务系统相关敏感数据的终端设备、文件服务器和数据库等。

防护层根据所采用的不同技术包括文件过滤驱动防护、标记和策略防护及虚拟化防护技术。

（1）文件过滤驱动防护通过在文件系统中增加文件过滤驱动，配合访问控制和安全策略对敏感数据进行保护。文件过滤驱动主要实现对文件操作的实时监控，拦截对文件操作的请求消息，使消息在到达文件系统驱动层之前能够被提前处理，从而阻断对敏感数据文件的操作行为。

（2）使用标记和策略技术的数据防泄露防护技术采用对敏感数据标记的方式，不同的标记配合不同的数据防泄露策略，通过制定全面灵活的标记和策略来对敏感数据进行防护。

（3）采用虚拟化技术在终端上虚拟多个逻辑隔离的软件运行环境，从而在操作系统原有的内核态与应用态软件进程之间形成一个虚拟层，可有效地实现数据的隔离，以达到防止敏感数据泄露的目的。

敏感数据防泄露方案在设计时需要综合使用文件过滤驱动、标记和策略、虚拟化三种技术。其中，文件过滤驱动通过文件操作过程的控制和文件本身的透明加解密实现文件传输的泄露保护；标记和策略通过使用标记来对敏感数据文件进行标志，并配合相应的防泄露策略来实行敏感数据防泄露；虚拟化则是通过操作系统虚拟化技术，在单台主机上使用安全工作环境来有效防范用户的主动泄密行为。

4. 电网数据防泄露方案选择和保护策略

为了确保电网信息化建设过程中各类业务敏感数据信息不被泄露，选择一个合适的数据防泄露方案至关重要。目前，信息安全业内先后提出过多种技术方案，从不同的角度来解决数据防泄露问题，使用较为广泛的数据防泄露方案主要包括基于控制的数据防泄露、基于关键字过滤的数据防泄露及基于虚拟化的数据防泄露等。其中，基于控制的数据防泄露主要包括端口控制、协议控制和应用程序控制技术等；基于关键字过滤的数据防泄露主要是通过识别出传输过程中文件的敏感字段，并对这些包含了敏感字段的文件进行实时阻断，防止其通过网络或移动存储泄露；基于标记的数据防泄露主要是利用与敏感数据自身相关的标记嵌入敏感数据中，并配合策略管理在传输过程中实时识别敏感数据来达到防泄露的目的；基于虚拟化的防泄露主要是通过构建从硬件、操作系统到应用层面的虚拟化安全工作环境来实现数据安全保护。在选择具体的数据防泄露技术方案之前，首先要深入调研并分析电网信息化建设过程中所涉及的数据防泄露需求，然后在此基础上对电网信息化建设过程中所有涉及数据泄露的途径进行彻底检查。整个检查包括以下步骤：①了解电网信息化建设过程中所涉及的各敏感业务数据安全保护的目标，决定哪些数据内容需要提供防护措施，具体怎样进行安全防护。②确定各类电网信息系统业务数据的分类。③根据业务数据分类的结果对访问权限进行分类，得到访问权限矩阵列表。④对各类电网业务数据的分类结果进行深入分析。⑤分析电网业务数据具体的输出形式，并对其提供有效的管控措施。

在完成以上工作后，开始着手选择数据防泄露解决方案。目前市场上提供的完整数据防泄露解决方案包括敏感数据内容深度分析、各种泄露途径全覆盖等。电网企业可根据具体的检查结果中确定的保护目标来决定采取哪种数据防泄露方案。

（二）智能终端代理感知

为了能够在终端、网络和存储中采集、识别智能电网业务应用中的敏感数据，并实时阻止敏感数据泄露，应重点研究安全代理的上下文感知机制，同时将敏感数据的感知控制理论应用到安全代理中，保证智能终端的安全代理能够自主地实施敏感数据感知控制。

首先，通过安全代理采集来自所有威胁载体的数据，并与业务系统相关联，达到对业务系统全方位保护免受网络威胁；其次，通过感知控制技术不断地“监视”控制对象智能电网业务应用敏感数据的信息，并对获取的信息进行处理，从而实现智能终端上各种业务应用敏感数据的异常操作行为的感知，并将该感知信息与参考信息进行比较，根据比较值对智能电网业务应用敏感数据进行一系列控制操作，从而达到保护智能终端上敏感数据的目的。

（三）敏感数据内容识别及深度过滤

内容识别及过滤是实现敏感数据防泄露的关键技术支撑，通过使用标记来对智能电网业务应用敏感数据文件进行标志，终端上对敏感数据文件监控时通过和标记相关联的防泄露策略来实行该敏感数据的防泄露。

首先，创建标记和分类规则，对公司的敏感数据进行分类，并对分类后的具有不同敏感级别的数据分配相应的标记；其次，创建保护规则，定义标记对应的敏感数据防护规则，如限制被打上该标记的敏感数据文件的打开次数、复制权限、是否允许通过电子邮件传送、是否允许被发送到移动存储介质中等；最后，创建设备规则，主要用来防止敏感数据写入某些定义的即插即用设备中。经过上述步骤后形成由标记、保护规则和设备规则组成的数据防泄露策略，同时由统一管理平台将这些策略下发至各类终端上的数据防泄露专控软件中。

二、云数据安全管理

电力供应的安全稳定是电力部门的首要目标。在计算机设备不断进入电力行业的今天，随着物联网、云计算、移动互联网的快速发展，数据爆炸式急剧膨胀，电力系统数据存储的稳定和安全成为保障电力系统稳定运行的重要条件。

（一）数据分类

随着电力信息化的快速发展，根据不同的业务需求，实时监测系统、测控一体化系统等大量的信息管理系统得到了广泛的应用和建设，信息系统逐步成为电力大数据的主要来源。IEEE P2030 将电网基础设施系统划分为三个相对独立的子系统，分别为信息子系统、通信子系统及能量子系统，业务范围包含了发电、配电、输电、调电、市场、用户六个主要范围，其中涵盖了输配电资产管理、用户用电信息、生产停运管理、分布式能源、需求管理等 28 项数据实体和 35 种数据流动及相互之间的交互关系。根据不同需求，各系统分布在电力生产管理的不同环节，由此可见电网数据资源丰富，采集对象多样，各子系统间分散管理。

近年来，随着智能变电站等基础设施的大规模建设，电网企业的数据量正在以几何级速率疯狂增长，其数据来源具有复杂性和多样性（结构化、半结构化和非结构化）的特点。各种异构信息的存储，如通信电源、图像监视、安全警卫、主变压器消防、给排水、火灾报警、采暖通风、门禁、动力环境监视等辅助生产系统及开关状态、设备状态等在线监测设备的处理成为亟待解决的问题。

在现有的电力系统领域中，存储数据主要分为两大类型：海量数据和信息数据。其中，海量数据主要由多媒体数据（原始音频、视频，图片）、传感器数据和系统设备数据等组成，具有存储量大、访问频率低的特点，主要用于检索回放和备份存储；信息数据主要以业务操作数据为主，具有存储量小、访问频率高的特点，主要用于报表查看等业务操作。

（二）建立索引

索引的定义是对存储在介质上的数据位置信息的描述，用来提高系统对数据获取的效率。索引由一系列索引项组成，一个索引项对应内存中一条实时数据记录，当实时数据存储结构发生更新时，索引也应同时做出更新。这意味着如果出现测点变化（如新增、删除），索引也将做相应的变化。索引项类似一个两列组成的表：第一列是索引键，由实时数据测点的标志来生成；第二列是数据指针，指向测点数据所在的内存位置。通过索引可以提高测点数据的查询速度。

1. 大数据创建索引面临的挑战

大数据不但揭示了电力行业生产运行的特征规律，指导电力生产和电力企业经营管理，还与社会的经济发展状况密切相关，是中国电力未来发展的重要资源和重要参考依据。在海量的数据中快速获得有价值的信息有助于提升电力公司数据资源价值利用的整体水平，为电网的安全稳定运行提供有效支撑。然而，在庞大的电网信息海洋中创建索引还存在以下几个主要问题：①创建索引成本极高，尤其是数据量越来越大时，维护索引的成本越来越高，导致系统整体，性能急剧下降。②磁盘读写速度限制。计算机技术飞速发展，尤其是计算机 CPU 速度及内存容量，但是磁盘的读写速度却一直没有本质性的突破。创建索引需要大量修改数据，极大地增加对磁盘 I/O 压力。更为严重的是这些修改可能都是海量的“小数据”修改，需要频繁地对存储有海量数据的磁盘进行重复性的 I/O 操作。③Hadoop 本身不支持数据修改，但维护索引需要修改数据，这是令 Hadoop 上的几乎所有快速查询软件都不使用索引的另一主要原因。

2. 索引技术

索引技术在数据检索时有利于提高检索系统的存储效率和检索性能，常用的数据索引技术有树形索引技术和线性索引技术两大类，传统数据库下的索引结构有倒排索引、哈希索引、B+树索引、R 树索引等。近几年来，研究者为了能有效地对某些特定领域的数据进行快速而准确的处理，研究出了许多全新的索引结构。由于采用的数据结构不同，可分为一维和多维两种不同的索引结构，一维索引大多是在传统索引的基础上演变而来，相对简单；多维索引主要用于非结构化数据的检索。随着对空间数据管理的要求日益增多，在原有的 B 树和 R 树索引结构的基础上，相关学者也提出了各种各样的多维索引树结构。

但随着信息时代各行业产生的数据量不断增加，数据的单机存储模式已无法满足大数据的处理需求，对此分布式存储结构为解决此类问题提供了很好的支持。

3. 电力系统中基于 Hadoop 的电力云数据管理索引方法

随着电力信息化的发展，电力数据来源广泛，数据类型复杂多样，设备监测数据及业务数据大多是浮点型、字符型，具有一定的时序性和结构化的特点，在数据检索时可能是对不同类型数据的联合查询，提高查询效率的一种重要手段是建立索引。对此，针对电力数据特点提出一种基于 Hadoop 的电力云数据管理索引方法，具体方法如下。

步骤 1：首先将电力系统的数据处理架构划分为数据访问层、数据处理层、数据存储层。

数据访问层用于根据用户的业务检索请求对数据进行判断和分类处理，如报表查看、视频查看、机房硬件状态查看等；数据处理层包括数据接口模块和数据类型认证模块，用于接收电力系统中的数据并对电力系统中的数据类型进行判别；数据存储层负责对数据索引进行创建、维护及原始数据进行存储的功能。其中，电力系统数据的存储和索引主要在数据存储层中完成。

步骤 2：将接收到的数据分为海量数据类型和信息数据类型。

将数据传输给数据处理层，数据处理层将数据进行分类处理并向存储层传递待存储信息和数据类型信息。在数据的虚拟化存储中电力系统将产生的数据通过数据处理层的数据接口传输给数据类型认证模块后，数据类型认证模块将接收到的数据进行分类认证处理并向数据存储层传递信息 Message ｛Data，Type｝，其中，Data 为数据接口中传递的原始数据；Type 是数据类型的分类，按电力系统数据的特点分为海量数据类型和信息数据类型，分别用 0 和 1 进行标记。

数据存储层对接收到的所述待存储信息和数据类型信息进行解析，并根据数据类型信息将数据建立对应的索引，本例中数据存储层接收到数据处理层发送的消息后解析 Message 中的 Type，并按照 Type 的类型将数据按照不同的存储策略，建立不同 Type 类型对应的索引。

在数据检索部分，用户向系统发送业务检索请求 Request ｛Type，Keys，Conditions｝，其中，Type 是系统根据用户的业务检索请求的数据类型自动生成的标记，用于区别两种不同的数据类型：海量数据类型和信息数据类型；Keys 主要用于信息数据类型的检索，用来表示用户搜索关键字的组合，通过异或实现；Conditions 是用于识别用户请求业务数据的条件，如报表、时间等。数据存储层在接收到系统根据用户业务检索请求生成的 Request 后，按对应的索引策略检索并返回用户的需求信息。

步骤 3：根据数据的类型建立每种类型对应的索引。

（1）当数据类型为信息数据时，判断请求信息是否为数据存储请求，建立索引过程如下所示。

若是存储请求，则将数据分析信息和原始数据信息传递给虚拟存储系统，虚拟存储系统在可信服务器中进行索引创建形成对应的反向索引表和词典文件，并按照数据存储结构进行存储。

若不是存储请求，则将请求信息交由虚拟存储系统的存储层进行搜索，可信服务器根据搜索提交的关键词和语法树来计算文件权重，并返回用户查找相关信息数据类型信息。

（2）当数据类型为海量数据时，建立索引过程如下所示：①分别建立索引簇和 HBase 簇；②当海量数据到达时，系统同时将其传送给索引簇和 HBase 簇；③索引簇建立粗粒度索引，并向 HBase 簇发送信息；④HBase 簇收到索引簇发送的信息后，在每个存储块中建立一个细粒度索引，获取需求信息。

步骤 4：根据用户的查询条件生成请求信息，根据请求信息进行搜索，并将搜索结果反馈给用户。

在这里，HBase（Hadoop Database）是一个高可靠性、高性能、面向列、可伸缩的分布式存储系统，索引簇主要负责用于对数据的插入和用户查询信息的检索；HBase 簇主要负责存储数据及索引每个存储块中的历史数据信息，当海量数据到达时，系统在接收到海量数据类型后会同时将海量数据传送给索引簇和 HBase 簇；索引簇会对此建立粗度的索引，并向 HBase 簇发送信息；HBase 簇在收到索引簇的请求后，在每个存储块中建立一个本地索引；在接收到用户的查询处理请求时，虚拟化存储系统利用索引簇，根据查询条件获取与之相关的存储块，再通过 HBase 簇从对应的存储块中获取相应的需求信息。

海量数据存储过程主要通过建立索引框架实现数据的存储处理，有三种不同类别的索引，分别是时间间隔索引、数据类别索引和本地索引。其中，时间间隔索引和数据类别索引属于粗粒度级别的索引，用于负责根据数据的存储时间和类别对当前数据进行检索；本地索引是细粒度级别索引，可以用于对历史数据的检索。利用时间间隔将时间划分成 n 个间隔块，B^+-tree 索引可以用来检索这些时间间隔；在一个具体的时间间隔内，将其中的数据按类别动态划分成对应的子部分，每一个子部分的数据块被存储到 HBase 的数据块中；当前划分的时间间隔结束后，随后产生的数据将会从下个时间间隔中重复上述划分时间间隔的方法进行存储；原有的历史数据被存储到 HBase 之后将不再被改变，针对这些历史数据可以批量通过 R-tree（R 树是 B 树向多维空间发展的另一种形式）来建立对应的本地索引。通过这种索引策略可以在检索当前数据时只检索时间间隔和对应的子空间，而不需要检索当前数据本身；在数据插入期间，索引的更新时间也可以有效地被降低，从而适应高频率的数据更新的要求。

（三）数据查询

1. 数据快速查询存在的问题

数据查询一直是数据库最核心的技术之一。数据库一般存放的数据比较复杂，一个查询往往需要将多个数据表相关联，甚至需要跨数据库的关联，导致查询性能急剧下降，即使在一个不是非常大的数据库（千万级）执行一次查询也可能需要几个小时乃至几天。

大数据带来了诸多数据库核心技术的突破。大数据的核心理念是“分布处理”，通过普通计算机横向扩展，多台设备协同工作，把耗时的计算分布在多台设备上并行处理，从而获得高性能。值得一提的是，大数据不仅通过“分布处理”获得高性能，另一个非常重要的核心理念是“普通计算机”，通过大量低廉的计算机实现低成本、高性能。因为技术能力从某种程度上获得了“无限”的提升，算法在某种意义上“失效”了，即通过大量快速计算，不同算法之间的差异趋于无限小。

但同时，在数据快速查询方面，主要问题是过度依赖大数据带来的计算能力而放弃方法上的努力。如当前市场上最火热的基于 Hadoop 的大数据系列产品，都是通过大量廉价机器堆积来获得性能的保证。在大数据起步阶段，这样做可以获得相当不错的数据处理效率的提升。然而，数据量往往不是线性增长的，而是呈指数形式的快速增长，但硬件性能和数量却是以线性方式在增长，这样随着时间的发展，数据量与硬件的矛盾在不远的将来会再次成为大数据处理的瓶颈。

2. 大数据快速查询理念

在数据量急剧扩展的同时，随着商业智能分析的深入，各种查询分析的逻辑也越来越复杂。这两个因素是当前传统数据面对查询越来越力不从心的根本原因。

如今大数据技术方兴未艾，查询效率无疑是大数据领域重要的一环。传统数据近年来为了提升查询效率也已经做了很多工作，但它们更多的还是依赖于更快的计算速度、优化的查询逻辑等。面对过快的数据量和查询逻辑级数的增长，大数据技术针对这一问题则具备了它独特的理念。

（1）通过底层处理逻辑的优化，而非仅仅查询处理层面的逻辑优化。通常查询者的查询逻辑是客观存在的，在这上面去做优化要做到既保证质量又保证性能，对查询者的专业技能要求太高。动态索引图（DIG）则是从数据最底层的处理逻辑上来实现查询性能的根本性改变。

（2）通过预处理来减少用户的等待时间。当数据库表数量众多，而用户进行复杂逻辑的 SQL 查询时，即使只有几百万的数据，传统方法下一个查询也许需要用户等待几十分钟，甚至几个小时。大数据的核心理念之一便是尽可能地使用预处理，而减少用户查询时实时数据处理的工作量。DIG 技术的核心思想也正是如此，尽可能地在数据进入数据库时即自动创建索引，通过底层核心技术，在用户进行复杂多条件查询时，动态地将各个数据表上的索引文件智能组合，快速响应用户的查询请求。

（四）面向电力云的细粒度数据完整性检验

1. 电力云安全模型

（1）电力云数据的生命周期

本书探讨的电力云中数据的安全问题涉及数据全生命周期管理的每一个阶段。用户数据全生命周期管理是指数据的上传、存储、程序执行及销毁。

数据上传阶段：用户在上传数据之前需要先将数据加密，单个应用程序或一组应用程序由一个主可执行文件、若干可执行文件，以及若干数据文件组成。数据存储阶段：用户数据以密文的形式上传到云的存储服务器中，出于容灾和维护等考虑，云服务系统可能会将数据进行多点备份。程序执行阶段：在用户程序运行过程中，其私有运行空间中的内存是不能被其他进程和操作系统访问的。数据销毁阶段：在用户指定的时刻，将程序相关的可执行文件、数据文、高级加密标准（AES）密钥及非对称公钥销毁。

（2）电力云数据安全模型

目前比较典型的云安全参考模型为云安全联盟（CSA）的云安全参考模型。CSA云安全模型根据对云服务组件和安全控制策略集的映射来确定云中存在或缺失的安全控制机制，完成差距分析后，按照监管方和合规方面的要求，决定需要补充的安全措施填入风险评估框架。该模型的重要特点是供应商所在的等级越低，云服务用户所要承担的安全能力和管理职责就越多。另外，云服务用户需要根据自身的业务和安全协同需求选择最为合适的云计算形态。

2. 数据完整性检验技术

（1）单向哈希函数

Hash函数又称散列函数，它是把任意长的输入消息串变化成固定长的输出串且仅由输出串难以得到输入串的一种函数。这个输出串称为该消息的杂凑值，一般用于产生消息摘要、密钥加密等。一个安全的杂凑函数应该至少满足以下几个条件：①输入长度是任意的，但输出长度是固定的；②对每一个给定的输入，计算输出即散列值是很容易的；③给定散列函数的描述，找到两个不同的输入消息杂凑到同一个值是计算上不可的，或给定杂凑函数的描述和一个随机选择的消息，找到另一个与该消息不同的消息使得它们杂凑到同一个值在计算上也是不可行的。

Hash函数主要用于完整性校验和提高数字签名的有效性，这些算法都是伪随机函数，任何杂凑函数值都是等可能的。输出并不以可辨别的方式依赖于输入，在任何输入串中单个比特的变化，将会导致输出比特串中大约一半的比特发生变化。

（2）完整性检验方法

完整性检验常用于对处理器、文件系统和数据库等存储的非可信数据进行检验，以判定其内容是否被篡改。该检验通过在获取阶段对相关存储数据进行Hash运算，并保存计算获得的Hash检验值，然后在检验阶段再次对该数据进行Hash运算，并将得到的Hash检验值与之前的值进行比较来判断数据的完整性。

对象细化的程度称为粒度。将对象划分为相对较小单位，称之为细粒度化。对于多数据，可能由几个或几十个文件组成，可对每个文件进行单独Hash监督，以准确判断出变化文件的位置，这种将数据对象划分成多个较小的数据单元进行单独监督的完整性检验方法称为细粒度完整性检验。

完整性检验方法就是事先存储数据对象的Hash检验值，当需要判断数据对象的完整性时，对数据对象进行再次 Hash 值计算，并与之前存储的 Hash 检验值相比较，从而判断数据对象是否被修改，其完整性是否被破坏。现有的完整性检验方法从形式上主要分三种：① n 个数据对象由 1 个 Hash 值监督；② n 个数据对象由 n 个 Hash 值监督；③ n 个数据对象由 m（$1< m < n$）个 Hash 值监督。

以上三种方法中，第 1 种方法所产生的 Hash 数据最少，但错误指示能力最差；第 2 种方法错误指示能力最强，但 Hash 数据最多；而第 3 种方法则是一种折中的考虑，错误指示能力比第 1 种强，Hash 数据比第 2 种少。

第三节　安全接入及其防护技术

一、终端安全

在电力企业业务范围不断扩展、智能电网建设需求越来越迫切的情势下，智能电网建设过程中出现了数量庞大的智能化终端设备，所面临的信息安全风险较传统电网面临的风险种类更多、范围更大、层次更为深入，对信息网络及系统的安全、可信、可控提出了新的要求。因此，如何解决智能电网建设中数量庞大的智能终端的安全问题成为当下电力企业的研究重点。

（一）安全标准缺乏

智能电网通信网络分布范围广，海量终端分布在各地，原有控制网络与互联网将呈现融合连接的模式，电力系统结构也会变得日益复杂，且病毒木马更新快、网络诈骗入侵等新技术层出不穷，安全防护的复杂性比电网安全生产还要艰巨，涉及面还要广。同时，海量终端的连接也将导致不同接口的数量增加，各个系统之间的数据交互也将呈现几何级数量增长。传统的电力系统内部安全域划分，很难适应未来电力系统结构的安全防护需求。

（二）电力智能终端引入信息安全风险

智能电网建成后，通过对电网运行的实时监控，可以有效对故障点进行定位和故障处理，提升电网系统稳定性和可靠性。智能设备能够支持远程控制，比如远程连接、断开、配置、升级等。但控制系统在设计和研发时往往缺乏安全内核设计，使攻击者得以在系统无法感知的情况下发起非法远程登录进入，加之系统对非法入侵的识别反应能力不足，系统可用性、信息完整性被冒充和破坏的可能性极大，带来不良安全后果。

而且智能电网采用物联网技术，在移动网络的基础上集成了感知网络和应用平台，使得智能电网具有更加复杂的接入环境、多样灵活的接入方式、数量庞大的智能接入终端，如新能源电动汽车、家庭太阳能等。如何保证各类分散的接入对象安全、可信地连入电力信息网络，同时保证机密数据不会遭到泄露，并且实现对接入对象和操作的监控与审计，是智能电网信息化建设中迫切需要解决的问题。

（三）电网环境复杂化，攻击手段智能化

智能电网的深入推进，智能终端设备对网络接入环境、网络性能提出更高要求，随之而来的是黑客对网络的攻击也会大幅增加。

无线技术为智能电网生产、管理、运行等带来网络接入便利性的同时，由于无线信号覆盖范围广，基于无线网络的安全比传统有线网络安全的要求也会更高。目前，电力公司通过无线虚拟专网（通过使用移动、电信、联通等无线公网）来传输重要数据。随着第四代无线通信技术（TD-LTE）的成熟，5G 环境下智能电网的网络试点平台相继建成，TD-LTE 试点网络平台为实现配电自动化提供了高可靠性、高速率、低时延的业务通道，为配电自动化“五通”功能的实现提供了通道保障。同时，大量智能仪表、移动终端也广泛投入应用中，提高电网智能化、自动化的同时，也使得电网的网络环境更加复杂，受威胁的环节增多。

有线智能电网信息系统多存在于与互联网连接的异种网络和不同设备，网络及设备间信息及数据通信基于 TCP/IP 协议，其建立在三次握手协议基础上，握手协议的过程中有一定局限性，本身存在一定的不安全因素，如 TCP/IP 协议采用明文传送数据口令、密码与信息等，明文传送易被探测和捕获。若被捕获，就有可能出现源 IP 地址段被篡改为其他 IP 地址，窃取、伪造传送的数据流，威胁相应会话与服务。由于 TCP 对数据可靠传送的保证是基于收到数据的确认及向所传递字节序列号的分配，一旦序列号被探知和预测，非法攻击者便可连至目标主机而实现虚假错误数据的传送，引发 TCP 序列号欺骗。

预计在将来，网络的攻击会呈现规模化和组织化，攻击手段也会多样灵活，势必会给电力网络安全带来新的考验。

（四）工业控制系统漏洞多

在智能电网的发展下，SCADA 系统用于电力的调度和支持、物联网的融合发展，工业控制系统存在较多的漏洞。①工作站操作系统漏洞。工控系统建成后几乎不升级操作系

统，存在较多漏洞。②应用软件漏洞。工控软件一般和杀毒软件存在冲突，工控网络基本未安装杀毒软件，病毒可以存在于工控网络，应用软件的漏洞通常较容易识别，一旦系统暴露到公共网络，后果不堪设想。③网络协议漏洞。工控网络大都基于 TCP/IP 协议和 OPC 协议等通用协议，而目前的 OPC 服务器等关键协议交换设备依赖于外国进口，而为了工程服务的需要，厂家通常会预留后门，一旦爆发信息战，主动权必然在设备厂商手中。④安全管理漏洞。项目建设中，通常会有不同的人接触并操作工控设备，使用不同的外设设备，如 U 盘、笔记本连接等，都有可能让病毒有可乘之机。⑤病毒防护设备漏洞。目前市场上的病毒防护设备安全等级参差不齐，这些设备既是防护设备，也是攻击源头。⑥网络端口使用漏洞。工控设备在投运后，各种控制网络端口并不一定都会采用专用元件进行密封操作，很可能会有不恰当的人员在没有专门培训的前提下随意插入外设设备，带来潜在攻击风险。⑦操作行为漏洞。由于现场监控工作的枯燥性，现场时常有一些年轻的未经过专业培训的操作员，在夜间值班期间将工作站非法连接公共网络，给外部攻击以可乘之机。

（五）用户侧的安全威胁

在“两化”融合的深入推进下，用户和电网之间会实现信息友好双向互动。依托高级计量架构（AMI）系统，用户侧的智能终端及设备将与电力系统实现直连，这些连接模式势必会为用户带来不可知的安全隐患；用户与电力公司的信息交互通过公网进行传输，不可避免地会带来信息安全隐患；家用智能设备也充分暴露在电力系统中，容易受到不法分子的攻击。除此之外，智能电网的信息安全问题还涉及其他因素，如心怀不满的员工、工业间谍和恐怖分子发动的攻击，而且还必须涉及因用户错误、设备故障和自然灾害引起的对信息基础设施的无意破坏。智能电网天然的复杂性和脆弱性，会使不法分子通过一定的手段进入电力网络内部，控制电力生产系统，破坏电力负荷条件，极端情况下会造成电网瘫痪。

（六）终端安全解决方案

电力智能终端的安全防护技术层次包含多个层面，主要分为网络安全、数据安全、系统安全三大方面。在此基础上，将形成覆盖各个方面的基于等级保护的电力智能终端安全防护体系，加强终端完整性、一致性方面的安全程度。通过授权访问和网络防护保证数据的机密性和完整性，并对操作系统实施相应级别的安全审计制度，保证系统的安全稳定。对系统资源与其他数据进行安全域隔离，保证电力企业核心资料的机密性和安全性，为电力企业提供更加安全可靠的信息环境。

①电力智能终端的网络防护技术。利用接入身份认证和网络访问控制技术设置双重防线，拦截非法用户，对合法用户设置严格的访问权限管理，通过授权访问保护特定系统资源，防止外部人员通过智能终端非法入侵主干网窃取数据。②电力智能终端的存储防护技术。保证企业庞大数据的完整性，同时利用数字签名技术保证数据的真实性，在很大程度上减小数据被恶意修改的可能性，防止信息破坏对企业造成不必要的麻烦。此外，应用数据擦除技术定期对硬盘数据彻底清除，防止数据被恢复。③电力智能终端的软件防护技术。保证操作系统和应用软件的安全，阻止非法授权对操作系统进行更新，在保证智能终端操作系统安全的同时不影响用户操作体验。

二、安全传输

（一）节点认证

随着电网运行模式和服务模式的转变，获取智能电网服务的用户量以及数据交互信息量增加，伴随着智能电网覆盖范围的增大，部署在电网中的节点数量及分布在各个地区的服务器数量都会相应增大，如何保证在复杂的网络结构、传输环境中安全地为用户提供可靠的服务是智能电网持续发展的重要问题。如果不能解决节点及服务器在每次请求/提供服务的时候处于安全状态，用户最基本的安全将得不到保障。由于智能电网的节点及服务的安全认证技术还不够完善，现有的安全认证技术可能存在以下问题：①无线信道的开放性特征使得安装在特定环境中的节点被顶替的可能性变大，恶意攻击者假冒节点的可能性增大，攻击者可以根据该节点的功能特点、服务类型窃取合法用户的服务，为用户的生活带来不必要的麻烦。②在通信过程中，节点与服务器一直处于被要求认证的状态将增大服务通信量为本来就有限的带宽带来更重的负担，增大交互信息服务成本，缩减节点寿命，降低服务器的服务效率。③节点与电网服务器的安全认证大多数是通过相互认证完成，一般情况下效率不高，安全性也不能得到很好的保障。

1. 传统节点认证技术

目前，传统的节点安全认证技术可以通过传统的 PKI 身份认证模型来完成，但是传统的 PKI 模型存在以下问题：密钥验证与证书有效性验证服务是分离的，将导致验证结果的信任度下降；支持多家认证的可实施性差，在复杂的电力体系网络结构中不适合该模型的生存。为提供给用户安全可靠的电力服务，一种有效的保障节点与服务器安全的认证机制是未来电网发展的需要。

2. 一种新的节点安全认证方法

智能电网节点安全认证方法具体步骤如下：①按照层次结构部署智能电网节点认证系

统，所述智能电网节点认证系统包括位于采集节点层的节点（如家具控制器装置、燃气监控装置、视频点播终端和IP电话等）、验证服务器、认证服务器和电力服务器。所述采集节点层与所述验证服务器相连，所述验证服务器与所述电力服务器相连，所述验证服务器与所述认证服务器相连。所述采集节点层与所述验证服务器预置对称密钥，验证服务器与电力服务器预置对称密钥，认证服务器与验证服务器预置对称密钥算法（为通用的对称密钥算法）。②对所述智能电网节点认证系统进行初始化。③对新加入采集节点层的节点进行认证。④对所述各个服务器进行认证。⑤通过认证的新加入的节点与电力服务器进行信息的交互，完成节点安全认证。

（1）节点认证系统初始化

①在新加入的节点中植入与认证服务器相互匹配的解密密钥、认证服务器在智能电网节点认证系统中的唯一身份识别码（UEN）及智能节点通用密码生成程序，新加入的节点接入智能电网节点认证系统之后将广播入网成功的信息。

②在认证服务器得知有新加入的节点入网后将向传输网络发送获取新加入节点信息的要求。

③接收步骤②所述要求的节点将按照认证服务器的要求发送包含密码在内的个体入网信息。

④认证服务器收到个体入网信息后与自身生成的密码匹配，若匹配成功，则将该节点信息发送给验证服务器。

⑤验证服务器接收到该节点信息之后将该节点信息加入可信表里，并向电力服务器发送节点安全信息。

（2）服务器认证

认证服务器接收到个体入网信息后验证信息是否有效的方法为：使用认证服务器的密钥解密节点初始化消息，并将该信息的格式进行提取，与认证服务器自身要求的版本对比，是否一致，若一致，则证明信息有效，新加入节点初始化入网成功；否则无效，新加入节点初始化入网失败。

认证服务器发送信息的具体格式为 $M_{rq}=\{K_{sk}(\mathrm{UEN}_{AS},\ \mathrm{NI}_{rq}),\ I_{fm},\ T_{m}^{2}\}$，其中，$\mathrm{UEN}_{AS}$为认证服务器在智能电网节点认证系统中的唯一身份识别码；NI_{rq}表示认证服务器向新加入节点请求入网的需要获取的消息的内容；I_{fm} 为认证服务器要求新加入节点回应的信息格式；T_{m} 为生成此消息的转发周期。节点接收到此消息之后，首先判断该消息是否已经过期。如果没有过期，该消息将被认证服务器检测其安全性。确认该节点安全以后，认证服务器将节点信息送入验证服务器，由验证服务器将该节点基本信息加入可信列表里，即完成初始化认证过程。

（3）节点的安全认证

①由需要请求服务的节点向认证服务器发送安全验证请求。

②接收到安全验证请求的认证服务器将根据节点的信息判断需要的电力服务器类型，并向该电力服务器发送验证安全的要求。

③接收到验证安全要求的电力服务器将发送信息给认证服务器。

④认证服务器在接收到信息之后，对信息进行认证。

⑤认证服务器在确认节点与电力服务器安全之后，将信息发送给验证服务器进行再次验证。

⑥在确认安全之后，验证服务器将发送确认连接信息，节点与电力服务器可以进行通信连接，具体消息格式为 $M_x = \{K_{sk}(\mathrm{UEN}_{node}, I_s), \mathrm{SL}, T_{sm}\}$，其中，$I_s$ 为服务信息内容；SL 为服务信息等级，即需要服务的信息急缓程度描述；UEN_{node}为需求通信的节点唯一身份识别码；T_{sm} 为请求服务的有效生存期。

（4）数据采集及传输

该方法需要请求服务的节点进行数据采集及传输的工作，当验证服务器接收到节点发来的请求服务信息时，首先对信息进行解密，根据密码是否匹配判断节点是否合法，若节点验证通过则将密码匹配后的数据置入发送队列等待转发。

节点与电力服务器在经过认证服务器验证安全之后，将接收到从认证服务器反馈回来的允许节点与电力服务器间通信的许可确认信息 $M_{ccm} = \{K_{sk}(\mathrm{UEN}_{node}, \mathrm{UEN}_{es})$，$K_{sk}(\mathrm{UEN}_{node}, \mathrm{UEN}_{es})$ 为要建立通信连接的通信器件信息，其中，UEN_{node}为新加入节点在该网络中的唯一身份识别码；UEN_{es}为电力服务器在该网络中的唯一身份识别码；T_m 为该确认信息的有效期，即根据预置密码生成程序生成加密信息。

节点与电力服务器进行通信连接后，节点与电力服务器之间的通信在未来的时间内处于安全通信状态，即时间段内不用每次通信都经过认证服务器来确认节点与电力服务器的安全性。

（二）网络防护

1. 接入身份认证技术

（1）技术原理

在电力系统中，存在不同的终端，每个终端都会有不同的用户去访问，但是，对于一些特定的终端来说，并不是所有用户都有访问它的权限，所以，就要选择一种方式将不具备访问资格的人排除在外，禁止其访问终端。例如，在智能电表中，存储着大量非常关键的用电数据，我们就要用一种技术将没有访问权限的人排除在系统外，这就用到了身份认证技术。

在信息安全中，身份认证技术作为第一道甚至是最重要的一道防线，有着重要地位，可靠的身份认证技术可以确保信息只被正确的“人”所访问。身份认证技术提供了关于某个人或某个事物身份的保证，这意味着当某个人或某个事物声称具有一个特别的身份时，认证技术将提供某种方法来证实这一声明是正确的。终端接入企业内网环境时，利用数字证书体系，在企业服务端和终端之间进行双向身份认证，身份认证可绑定终端硬件信息，如国际移动设备身份码（IMEI）。

身份认证可分为用户与系统间的认证和系统与系统之间的认证。身份认证必须做到准确无误地将对方辨认出来，同时还应该提供双向的认证。目前使用较多的是用户与系统间的身份认证，它只须单向进行，只由系统对用户进行身份验证。随着计算机网络化的发展，大量的组织机构涌入国际互联网，电子商务与电子政务大量兴起，系统与系统之间的身份认证也变得越来越重要。

身份认证的基本方式可以基于下述一个或几个因素的组合。

所知：用户所知道的或所掌握的知识，如口令。用户从系统中可以获得通过算法随机生成的指令代码，在登录的时候，只需要将代码提交给系统，系统将比对指令，选择是否通过验证。

所有：用户所拥有的某个秘密信息，如智能卡中存储的用户个人化参数，访问系统资源时必须有智能卡。电力企业可能会为工作人员配备代表个人身份的 ID 卡，卡内芯片存储着持卡人的身份、权限等信息。当工作人员访问电力系统时，需要通过刷卡的方式，在终端上验明身份和权限，从而访问系统。

特征：用户所具有的生物及动作特征，如指纹、声音、视网膜扫描等。

根据在认证中采用的因素的多少，可以分为单因素认证、双因素认证、多因素认证等方法。身份认证系统所采用的方法考虑因素越多，认证的可靠性就越高。

（2）理论依据

一般而言，用于用户身份认证的技术分为两类：简单认证机制和强认证机制。简单的认证中认证方只对被认证方的名字和口令进行一致性的验证。由于明文的密码在网上传输极容易被窃听，一般解决办法是使用一次性口令（One-Time Password，简称 OTP）机制。这种机制的最大优势是无须在网上传输用户的真实口令，并且由于具有一次性的特点，可以有效防止重放攻击。其中，比较有代表性的是 RADIUS 协议。

强认证机制一般运用多种加密手段来保护认证过程中相互交换的信息，其中，Kerberos 协议是此类认证协议中比较完善、较具优势的协议，得到了广泛的应用。

①基于口令的身份认证机制

基于口令的身份认证技术因其简单易用，得到了广泛的使用。但随着网络应用的深入和网络攻击手段的多样化，口令认证技术也在不断发生变化，产生了各种各样的新技术。最常采用的身份认证方式是基于静态口令的认证方式，它是最简单、目前应用最普遍的一种身份认证方式。但它是一种单因素的认证，安全性仅依赖于口令，口令一旦泄露，用户即可被冒充，且采用窥探、字典攻击、穷举尝试、网络数据流窃听、重放攻击等很容易攻破该认证系统。相对静态口令，动态口令也叫一次性口令，它的基本原理是在用户登录过程中，基于用户口令加入不确定因子，对用户口令和不确定因子进行单向散列函数变换，所得的结果作为认证数据提交给认证服务器。认证服务器接收到用户的认证数据后，把用户的认证数据和自己用同样的散列算法计算出的数值进行比对，从而实现对用户身份的认证。在认证过程中，用户口令不在网络上传输，不直接用于验证用户的身份。动态口令机制每次都采用不同的不确定因子来生成认证数据，从而每次提交的认证数据都不相同，提高了认证过程的安全性。

②挑战/响应认证机制

挑战/响应方式的身份认证机制就是每次认证时认证服务器端都给客户端发送一个不同的“挑战”码，客户端程序收到这个“挑战”码，根据客户端和服务器之间共享的密钥信息，以及服务器端发送的“挑战”码做出相应的“应答”，服务器根据应答的结果确定是否接受客户端的身份声明。从本质上讲，这种机制实际上也是一次性口令的一种，认证过程如下：①客户向认证服务器发出请求，要求进行身份认证。②认证服务器从用户数据库中查询用户是否为合法用户，若不是，则不做进一步处理。③认证服务器内部产生一个随机数，作为“挑战”码，发送给客户。④客户将用户名字和随机数合并，使用单向Hash 函数（如 MD5 算法）生成一个字节串作为应答。⑤认证服务器将应答串与自己的计算结果比较，若二者相同，则通过一次认证；否则，认证失败。⑥认证服务器通知客户认证成功或失败。

（3）电力智能终端的网络安全防护技术总体思路

对现有的电力智能终端功能分析，可以实现读卡访问、支付消费、提交相应的信息合同等能力，但这些能力毫无疑问地都存在或多或少的安全隐患。这些安全隐患无论是对电力智能终端的用户还是终端后面代表的电力公司都可能会直接或间接地造成经济财产的损失，甚至会危及人身安全。针对以上安全隐患，可以把电力智能终端安全架构分为四层，分别为硬件层、操作系统层、安全层和业务层，前两层可以根据不同的业务需求进行选择。针对电力行业的特点，智能终端分为两类：专用订制类终端和非订制类终端，不同类型的终端根据应用环境与通信方式等采用不同的防护措施。

总的来说，电力智能终端的网络安全防护技术主要分为以下两个模块：①用户身份识别。在电网内网中采取识别用户身份的方式，以达到初步隔绝恶意访问电网的现象。②设置用户文件访问权限。对登录用户设置文件访问权限，可以防止数据中心的涉密文件被不法分子恶意访问下载。

对拟登录用户的身份认证、设置各用户的访问权限、用户获取系统数据的途径这三个部分构成了电力智能终端的网络安全防护层。

在验证接入用户身份认证方面，当终端接入系统内网环境时，利用数字证书体系，在系统服务端和智能终端之间进行双向身份认证。身份认证可绑定终端硬件信息，如国际移动设备身份码等。在接入身份认证方面，一般采用简单认证机制和强认证机制。这样可以有效地防止不法分子恶意登录系统，妨碍系统的正常运行，还能对防护内网中的涉密文件被盗取形成第一道数据安全的保护层。

简单的认证中认证方只对被认证方的名字和口令进行一致性的验证。由于明文的密码在网上传输极容易被窃听，一般解决办法是使用一次性口令机制。这种一次性口令也是动态口令。这种动态口令的最大优势是无须在网上传输用户的真实口令，并且由于具有一次性的特点，可以有效防止重放攻击。比较具有代表性的是 RADIUS 协议。

强认证机制一般运用多种加密手段来保护认证过程中相互交换的信息。随着网络应用的普及，对系统外用户进行身份认证的需求不断增加，即某个用户没有在一个系统中注册，但也要求能够对其身份进行认证，尤其是在分布式系统中，这种要求格外突出。这种情况下，公钥认证机制就显示出它独特的优越性。

公钥认证机制中每个用户被分配给一对密钥，称之为公钥和私钥，其中私钥由用户保管，而公钥则向所有人公开。用户如果能够向验证方证实自己持有私钥，就证明了自己的身份。当它用作身份认证时，验证方需要用户方对某种信息进行数字签名，即用户方以用户私钥作为加密密钥，对某种信息进行加密，传给验证方，而验证方根据用户方预先提供的公钥作为解密密钥，就可以将用户方的数字签名进行解密，以确认该信息是否该用户所发，进而认证该用户的身份。

公钥认证机制中要验证用户的身份，必须拥有用户的公钥，而用户公钥是否正确，是否所声称拥有人的真实公钥，在认证体系中是一个关键问题。常用的办法是找一个值得信赖而且独立的第三方认证机构充当认证中心（CA），来确认声称拥有公开密钥的人的真正身份。要建立安全的公钥认证系统，必须先建立一个稳固、健全的 CA 体系，尤其是公认的权威机构，即“Root CA”，这也是当前公钥设施（PKI）建设的一个重点。其中，Kerberos 协议是此类认证协议中比较完善、较具优势的协议，得到了广泛的应用。

使用公钥认证机制作为电力智能终端的用户身份认证方式，能够提高认证的安全性，从而有效防止恶意用户访问电网的现象。

2. 网络访问控制技术

（1）技术原理

身份接入技术作为第一道防线，可以将非法用户拦截下来，只允许合法用户进入系统。但是，这并不意味着所有数据都已经安全了，因为系统中仍然存在用户，即使这些用户被系统认为是合法用户，但并不代表他们只能进行合法操作。对于智能电表来说，工作人员可以进入其中统计、查找信息，但是并没有对这些信息进行修改的权利。所以，为了防止某些信息被非法操作，就设置了访问控制，用来防止合法用户对系统资源的非法使用。

作为五大服务之一的访问控制服务，在网络安全体系的结构中具有不可替代的作用。所谓访问控制，即为判断使用者是否有权限使用或更改某一项资源，并防止非授权的使用者滥用资源。网络访问控制技术通过对访问主体的身份进行限制，对访问的对象进行保护，并且通过技术限制，禁止访问对象受到入侵和破坏。

访问控制系统是一个安全的信息系统中不可或缺的组成部分，访问控制的目的在于拒绝非法用户的访问并对合法用户的操作行为进行规范。只有经授权的访问主体，才允许访问特定的系统资源。它包括用户能做什么和系统程序根据用户的行为应该怎么做两层含义。从本质上讲，访问控制就是根据访问控制策略来限制用户对资源的访问，使用户和资源之间有了一道“墙”，防止了用户对资源的无限制直接访问，任何用户对资源的访问都必须经过这道墙——访问控制系统。访问控制系统根据访问控制策略对访问者的访问请求进行仲裁，这样使得用户对资源采取的任何操作都会处于系统的监控范围内，从而保证系统资源的合法使用。当一个用户对某个资源提出访问请求时，访问控制仲裁就会对用户的请求做出响应，由用户 ID 或可区别的身份特征到安全策略库中查询与该用户相对应的安全策略，如果找到的安全策略允许该用户对特定资源提出的访问请求，则反馈给用户的响应为允许，否则拒绝。系统管理员可以根据用户的身份、职务等将各种权限通过配置安全策略数据库的形式授予不同的用户，这样就制定出适用于不同用户或资源的安全策略。一个正常的访问控制系统主要包含三个要素：访问主体、访问客体、访问策略。访问主体是指发出访问请求的发起者；访问客体是指被主体调用的程序或欲存取的数据，即必须进行控制的资源或目标；安全访问策略往往是指一套规则，被用来判定一个访问主体对所要访问的资源（客体）是否被允许。其中，访问主体与访问客体是相对的，当一个访问主体受到另一个访问主体的访问时，该主体便成为访问客体。

访问控制技术一般分为自主访问控制（DAC）、强制访问控制（MAC）、基于角色的访问控制（RBAC）等。在电力系统中，由于系统的实时更新，以及庞大的访问量，系统对访问控制的服务质量的要求越来越高，而前两种访问控制技术已经很难满足这些要求。自主访问控制将一部分授予或回收访问权限的权力留给了用户，这样使得管理员很难确定到底哪些用户对同一资源拥有权限，不利于实现统一的全局访问控制，并且很容易出现错误，也就更无法实现细粒度访问控制和动态权限扩展。而强制访问控制又过于偏重保密性，对其他方面如系统连续工作能力、授权的可管理性考虑不足。

所以，随着信息系统规模的扩大，系统用户的增加，角色的概念逐步形成并逐步产生了在信息系统中以角色概念为中心的访问控制模型，基于角色的访问控制就应运而生。

（2）理论依据

基于角色的访问控制是指用户获得的权限是由用户所在的用户组中的角色来确定的，当系统中的用户被赋予一个角色时，该用户就具有这个角色所具有的所有访问权限。用户首先经认证后获得一个角色，该角色被授予了一定的权限，用户以特定角色访问系统资源，访问控制机制检查角色的权限，并决定是否允许访问。RBAC 从控制主体的角度出发，由整个系统管理中相对比较稳定的职责对角色进行划分，访问控制权限的授予与角色相关，在 RBAC 中角色作为一个桥梁连接访问控制过程发生中的访问控制主体和客体。

简单来说，一个用户可以拥有若干角色，每一个角色拥有若干权限，这样，就构造成“用户-角色-权限”的授权模型。在这种模型中，用户与角色之间，角色与权限之间，一般是多对多的关系。

（3）具体方法

在网络访问控制方面，电力公司通过对用户设置访问权限的方式间接地控制用户对于系统内网的使用权限。根据预先制定的访问控制策略，对接入终端在系统内网的访问权限进行控制。在同一时间内，禁止终端既接入系统内网，又接入公网环境。而通过了系统认证的用户被分配固定的权限，使得电网井然有序，电网的各部分组件正常运转，为电力智能终端的安全防护提供了良好的运行环境和安全保障。因此，适用于电力公司且常用于网络访问控制的方式有以下几种。①采用账户时间限制模式：访问用户创建账户的有效时间将受到限制。在没有后续的用户请求或者来自用户的访问时账户将关闭，只有经过再次的确认才能重新启用。②独立网络或域模式：对于大型电力智能终端网络来说，可以在活动目录中为一个子域设立单独存在的账户。对于大型网络环境来说，这样的做法在需要对大量访问用户进行权限设置的情况出现时，能够减少工作量。③纵向加密控制：纵向加密控制是指在一个区域内，网络访问终端对本区域内的资源进行访问时，采用双向身份认证、数据传输机密性和完整性保护等机制来确保区域内部访问的安全性。④横向隔离控制：横向隔离控制是指终端访问其他区域的网络资源时，对其访问终端实行隔离控制，主要采用签名认证和数据过滤措施来保证信息访问的单向传输安全。为了保证消息在各个安全区的传输安全性，设置正向型隔离和反向型隔离。正向型隔离负责生产区的网络终端访问管理区的网络资源；反向型隔离负责管理区访问生产区的网络资源。所有网络访问都是单向实现，防止信息泄露，保证数据安全。

第四节　安全感知

一、在线预警

（一）智能电网工控系统面临的信息安全风险

伴随着外部信息安全形势变化，以及“互联网+”等信息通信技术的应用和能源互联网建设的深入推进，工控攻击一方面呈现出向智能变电站、配用电系统现场等用户侧开放环境泛化演进的趋势，另一方面呈现出综合利用终端、网络、系统甚至管理等多个层面的漏洞实施工控特种攻击的趋势。因此，电网工控系统原有的安全防护体系面临严峻的挑战，主要表现在：不安全的移动介质接入，造成病毒传播；监控网与RTU/PLC之间不安全的无线通信，易遭受攻击；工业控制网络可能存在外联的第三方合作网络，虽然部署有安全防护措施，但易被新型攻击技术破解攻击；控制协议存在漏洞，极易被攻击；作业现场环境复杂，如变电站等，网络的接入具有一定的安全风险；操作系统漏洞没有进行及时补丁修复，极易被攻击者利用；工控新业务发展、新技术应用导致露面增多，现有防护体系无法完全覆盖。电网工控系统与普通的信息系统在信息安全技术方面有很大的不同：一是实时性强，与物理世界存在交互关系；二是传统的信息安全软件补丁和系统软件更新频率不适用于工控系统，停机更新系统的经济成本很高。针对上述信息安全风险，不能将普通信息系统的信息安全防护体系应用到电网工控系统中，需要研究合理的适用于电网工控系统实际运行环境的异常检测方法进行安全监测，对潜在的风险或隐患进行预测并对攻击事件进行追踪溯源，有效提升电网工控系统的安全防御能力。

（二）安全监测预警平台架构

工业控制系统并非简单、孤立的系统，而是与生产任务紧密关联的控制监测局域网络系统。电网工控系统分为控制网络和管理网络，管理网络指调度监控管理网，控制网络部署在变电站，分为过程层、间隔层、站控层。电网工控系统安全监测预警平台在现有的安全防护技术措施的基础上，在变电站的过程层、间隔层增加全流量数据采集和分析，通过对不同变电站网络流量的异常分析和边界处的感知设备日志，在站控层边界部署工控异常行为检测、工控操作行为审计，在主站层构建流量监测平台、协议监测平台和行为监测平台，在调度监控管理网中部署大数据存储、大数据分析及监控展示平台，从而实现电网工控系统全局安全监测预警。平台充分利用网络流量、系统及安全设备的日志等网络行为痕迹的多种表现形式，全局性地进行监测及有效安全分析，及时发现未知安全风险，从而有效捕获安全事件的发生。

（三）电网工控系统网络流量异常检测安全监测技术

电网工控系统安全监测预警平台采用的是网络流量异常检测安全监测技术，其设计模型由数据采集、制定检测规则、实时检测组成。

数据采集主要负责原始数据的采集和预处理。制定检测规则首先通过信息熵量化网络流量属性，根据属性特征将正常流量标记为有标记的数据样本，反之为未标记的实时数据，然后运用改进的半监督聚类算法建立电网工控系统网络流量异常检测模型，并制定实时检测规则。实时检测根据制定的检测规则对实时数据进行实时检测，输出检测结果。

电网工控系统不同于一般的网络系统，在稳定性方面不能忍受系统当机。因此，电网工控系统网络数据采集策略是：根据设备所在区域的安全等级，匹配不同的采集频率系数；根据功能和用途的不同，设定不同的采集频率系数；根据链路的拥塞情况，合理地改变当前的采集频率；根据设备的负荷情况，合理地改变对当前设备的采集频率，从而保障工业控制系统本身功能的正常运行。电网工控系统采集到的网络流量数据也不同于一般的网络流量数据：一是数据长度小于普通数据；二是周期性信息数据占主流；三是数据流向固定；四是时序性强，响应时间短。

二、安全监测

电网工业控制系统安全威胁监测系统的设计主要针对新能源发电站调度网络的智能设备的安全威胁展开实际部署应用研究，研究表明，该系统可以采集电网工业控制系统中的各种数据并在基于 Hadoop 的大数据平台上进行数据预处理、分析与归一化和安全威胁深度分析，可以有效发现针对电网关键系统的攻击。由于电网工业控制系统智能设备应用十分广泛，种类也较多，再加上以往人们更关注于后台信息系统的安全性，因此，后续研究工作还包括电网工业控制系统智能设备安全威胁的深入研究，形成不同电网智能设备安全威胁的知识库，实时大流量或大规模部署的场站的在线安全监测和未知工控安全攻击行为的检测与大数据挖掘技术研究，以及与工控安全防护体系的联动问题等。

（一）安全威胁监测系统设计

1. 数据采集系统分析

电网工业控制系统安全威胁监测系统主要基于协议深度解析的电网工业控制流量的采集、检测与安全威胁分析。安全威胁监测需要与电网的关键位置分析相结合，新能源发电站的边界包括用户边界防护和发电厂边界，安全威胁分析需要以调度系统与新能源电站工控系统边界为重点。电网工业控制系统由设备、系统平台、业务软件和网络等要素组成，其中每个要素都存在各种可被攻击的弱点，随着攻击手段的层出不穷，其面临的威胁越来越严重。安全威胁监测主要针对输变电系统、用电采集系统智能终端和配电自动化终端的安全事件进行威胁的监测与分析，同时结合资产的识别进行关联分析，评估安全事件一旦发生可能造成的危害程度，并实时监测攻击行为，安全威胁监测需要结合实际的攻击手段验证安全威胁监测与分析能力。用电信息采集系统由于用户侧安全防护体系存在薄弱环节，容易遭受来自外部攻击者的渗透攻击，主要的安全威胁包括针对用电采集终端的拒绝服务攻击、计费干扰、信息窃取、工控协议漏洞利用等。

（1）电网工业控制系统数据采集方式

电网工业控制系统的安全攻击主要针对工业控制网络的关键设备进行工控协议栈攻击、非授权操纵攻击、大流量攻击，甚至工控恶意程序的攻击都有可能通过工控网络进行，电网工业控制系统安全威胁监测系统主要对这些恶意行为进行监测。电网工业控制系统安全威胁监测系统通过多种方式进行数据采集，覆盖电网工业控制系统所须监控管理的关键系统和智能设备。

①通过分光/镜像接口采集关键工业控制网络接口的流量，包括调度流量、配电工控协议流量、用电信息采集与控制等流量，将实时数据采集到大数据平台中进行解析和后续分析，同时获取资产信息，进一步进行资产管理和安全威胁监测与

分析。

②对于交换机性能要求较高的工业以太网，可以部署专门的流量分流设备进行工业以太网流量的复制，从而采集相应的工业控制网络的流量，包括网络层和工控协议的应用层流量。

③可以通过数据输入接口采集电网工业控制系统关键设备的日志信息、状态信息、资产信息，包括在线监测系统的设备状态信息，从而进一步进行关联分析和安全状况分析。

（2）电网工业控制系统安全威胁分析

技术电网工业控制系统安全威胁监测系统需要能够监测新能源发电站工业控制系统和电网调度控制系统主要安全风险，分析过程主要有三个步骤：数据预处理与清洗、数据解析与归一化和大数据分析。

系统主要提供以下监测与分析功能：A. 资产识别与信息提取功能。主要根据资产的IP 地址和流量中的设备信息，获取资产的相关信息，提供资产的信息管理功能。B. 监测预警。提供新能源电站主要的安全风险的监测能力和必要的预警能力。C. 非授权操作监测能力。能够分析非授权的非法控制命令、资产或数据的非授权访问等操作。D. 拒绝服务攻击监测能力。能够监测厂站端、调度端发生大流量攻击的异常行为。E. 未知行为监测。根据安全威胁监测需求不断扩展安全威胁的分析能力，基于特征库的方式或新型攻击识别插件的方式扩展攻击方式。可以基于历史数据挖掘分析，实现新能源电站工业控制系统和调度控制系统的安全趋势分析。

①数据预处理与清洗

数据预处理与清洗主要对采集到的数据进行初步处理，清洗不需要的垃圾数据和噪声数据，把与安全威胁分析相关的数据保存到缓存区进行下一步处理。对于工业控制网络的流量，可以在预处理阶段清洗无关的重传数据包或碎片包等噪声数据，同时把数据转换成统一格式进行缓存，如内存重组数据可直接保存到 pcap 数据包，便于后续的分析。

②数据解析与归一化

数据解析与归一化主要用于工控协议数据包的解析，提取出安全事件分析相关的数据，比如解析配电控制流量的指令信息和参数信息，用于分析非授权的控制操作，同时把解析的数据用统一的格式进行保存，用于后续的威胁监测分析。

③大数据分析

大数据分析平台是电网工业控制系统安全威胁监测系统的核心部分，采用最新的大数据存储和分析技术，包括分布式海量数据存储、关联分析、时间趋势分析和预警分析等。采集的电网工业控制系统数据经过预处理与清洗、数据解析和数据格式归一化后，把采集引擎获取的数据保存到大数据存储数据库中，数据的索引保存在大数据存储管理节点，运用基于大数据平台的关联分析和时间趋势分析对采集的数据进行分析，分析与统计结果保存在大数据库中并提供统一的展现，对于需要专家进一步确认的结果，可以通过交式查询和分析特征库扩展的方式进行攻击的确认与分析结果的二次过滤。

2. 安全威胁监测系统设计

电网工业控制系统安全威胁监测系统基于分布式部署架构，由监测系统主站和监测装置或现场监测装置组成。基于大数据平台采用流行的 Hadoop 平台进行海量异构流量的存储、处理与分析。利用 Hadoop 平台的分布式分析算法进行关联分析、时间趋势等算法对控制流量、设备信息、日志等数据进行并行分析。安全威胁监测系统可以实现运行监控、异常监控、运行管理、配网分析等功能，通过数据采集、扫描、分析，对非法或遭到恶意篡改的工控流量中的指令进行过滤，并发出告警信息。

（二）安全威胁监测系统部署及应用

电网工业控制系统安全威胁监测系统是一个综合性的安全风险监控系统，为保证在调度控制系统与新能源电站工业控制系统的有效应用，需要针对新能源电站工业控制系统的网络特点，选取符合网络特点的部署方案，从而满足电网工业控制系统在新能源发电站调度网络安全监测的需求。

系统的安全监测装置或子站用于实现数据采集引擎功能，通过分光或分流，或者在站控交换机上配置端口镜像获取电网工控网络的流量。通过流量预处理与清洗后，进行数据的解析与归一化，最后把数据通过专线传输到监测系统主站。数据传输基于加密信道进行数据的上传，确保传输的机密性和完整性，从而避免数据被窃听或篡改，影响安全威胁监测与分析的准确性。电网工业控制系统安全威胁监测系统主要针对工业控制智能设备的应用分析和安全威胁分析，采用相应的监测技术进行安全威胁的监测与分析，在现有网络的部署及验证过程中，解决了如下问题：①通过对电网工业控制系统现有网络架构的特点分析、安全边界梳理和安全部署关键位置的分析，明确了工控智能设备在电网工业控制系统中的整体应用情况，现有网络验证了部署方案在电网工业控制网络中可以进行各种控制行为的有效监测。②针对工控智能设备的安全监测结果进行深度分析，与基于协议的深度分析相结合，可以为安全专家提供现有网络的实时安全态势，为进一步的安全处置提供防护。③进行了资产识别和非法报文等重要安全威胁的监测与分析，参考相关标准可以设计有针对性的系统安全防护方案，并利用相应的安全防护技术进行电网工业控制系统的安全建设。④解决了电网工业控制系统智能设备安全威胁监测与分析的问题。电网工业控制系统是电力信息的重要组成部分，通过采取与设备特点相适应的安全监测与分析方法对工控智能设备的安全性进行监测与分析，该部署方式可以对典型的指令篡改、畸形数据包和异常流量等安全威胁进行监测。

[1] 张建宁，吕庆国，鲍学良. 智能电网与电力安全［M］. 汕头：汕头大学出版社，2019.

[2] 李颖，张雪莹，张跃. 智能电网配电及用电技术解析［M］. 北京：文化发展出版社，2019.

[3] 杜蜀薇，赵东艳，杜新纲. 智能电网芯片技术及应用［M］. 北京：中国电力出版社，2019.

[4] 余贻鑫. 智能电网基本理念与关键技术［M］. 北京：科学出版社，2019.

[5] 王田. 可再生能源环境下的智能电网买电策略分析［M］. 北京：经济科学出版社，2019.

[6] 张勇军，陈旭，欧阳森. 智能配电网的用电可靠性［M］. 北京：科学出版社，2019.

[7] 葛亮. 电网二次设备智能运维技术［M］. 北京：中国电力出版社，2019.

[8] 刘念，张建华. 用户侧智能微电网的优化能量管理方法［M］. 北京：科学出版社，2019.

[9] 刘韶林. 物联网技术在智能配电网中的应用［M］. 北京：中国电力出版社，2019.

[10] 郑树泉，王倩，武智霞. 工业智能技术与应用［M］. 上海：上海科学技术出版社，2019.

[11] 龚静. 配电网综合自动化技术［M］. 3版. 北京：机械工业出版社，2019.

[12] 朱鹏. 电力安全生产及防护［M］. 北京：北京理工大学出版社，2020.

[13] 刘天琪，李华强. 电力系统安全稳定分析与控制［M］. 成都：四川大学出版社，2020.

[14] 顾飚. 电力安全知识［M］. 北京：中国电力出版社，2020.

[15] 郭象吉. 电力监控系统安全防护技术概论［M］. 北京：中国电力出版社，2020.

[16] 邱欣杰. 智能电网与电力大数据研究［M］. 合肥：中国科学技术大学出版社，2020.

[17] 王轶，李广伟，孙伟军. 电力系统自动化与智能电网［M］. 长春：吉林科学技术出

版社，2020.

[18] 乔林，刘颖，刘为. 智能电网技术［M］. 长春：吉林科学技术出版社，2020.

[19] 冯喜春. 区域智能电网的规划方法［M］. 北京：电子工业出版社，2020.

[20] 曾宪武，包淑萍. 物联网与智能电网关键技术［M］. 北京：化学工业出版社，2020.

[21] 李可. 电力系统发展与智能电网研究［M］. 汕头：汕头大学出版社，2021.

[22] 张清小，葛庆. 智能微电网应用技术［M］. 2版. 北京：中国铁道出版社，2021.

[23] 张铁峰. 智能电网信息通信技术［M］. 北京：中国电力出版社，2021.

[24] 岳涵，王艳辉，赵明. 电力系统工程与智能电网技术［M］. 北京：中国原子能出版传媒有限公司，2021.

[25] 宋景慧，胡春潮，张超树. 智能电网信息化平台建设［M］. 北京：中国电力出版社，2021.

[26] 万熵才，龚泉，鲁飞. 电网工程智慧建造理论技术及应用［M］. 南京：东南大学出版社，2021.

[27] 廖小君，冯先正. 智能变电站信息流的可视化分析与挖掘［M］. 郑州：黄河水利出版社，2021

[28] 王刚. 电力物联网安全与实践［M］. 北京：中国电力出版社，2021.

[29] 邵洁，赵倩. 电力安全保障的机器视觉技术［M］. 上海：上海交通大学出版社，2022.

[30] 李孟阳. 电力监控系统网络安全攻防演练平台建设与应用［M］. 成都：西南交通大学出版社，2022.

[31] 田建伟，朱宏宇，乔宏. 电力大数据安全［M］. 北京：中国电力出版社，2022.

[32] 田福兴. 电力建设工程施工安全检查指南［M］. 北京：中国水利水电出版社，2022.